FUN WITH NUMBERS

MASTER TIMES TABLE

50 Day Plan to Master Times Table with just 15 minutes of Daily Routine

Thinkpro Kids
Engaging, Imagining, Achieving

www.thinkprokids.com
A Thinkpro Learning Initiative

What is Times Table?

Imagine you have a superpower to multiply numbers lightning fast.

That's exactly what the Times Table helps you do!

It's like having a secret code to quickly figure out how many apples you'd have if each apple cost $3 and you wanted 5 of them.

You start with simple pals like 1 and 2, and then watch them team up with bigger buddies like 3, 4, and so on, all the way up to 10!

It's like watching numbers dance together and create new ones!

Now Let's talk about why memorizing the Times Table is important.

First off, it makes math faster than a **speeding bullet!**

Plus, it's like having a **magic spell** for solving number puzzles.

And get this – knowing the Times Table makes you a **Number Magician!**

Whether it's acing a test, helping friends, or impressing your family with your lightning-fast number skills,

You'll be saving the day with your Times Table powers!

So, kiddos, remember, memorizing the Times Table isn't just about numbers – it's about unlocking a whole world of number magic.

and becoming

The Ultimate Number Wizard!

Introduction to Multiplication

Date: _____

Multiplication is just adding groups of numbers together.

Let's say you have 3 boxes, and each box has 4 candies inside. How many candies do you have all together?

The way you can do it, is by adding 4 three times.

4 + 4 + 4 = 12

This can also be represented using Multiplication Sign "X"!

4 X 3 = 12

Times Table helps us to memorise the common multiplication, to solve the complex multiplications faster.

Let us Start.

Day 1: Table of 1

Date: _____

- ❖ There is 1 Apple in the basket.
- ❖ Count number of Baskets.
- ❖ Then count the Apples in all the Baskets.

1.

Number of Apples in each basket		Number of baskets		Apples in all the baskets
1	X	1	=	1

2.

Number of Apples in each basket		Number of baskets		Apples in all the baskets
1	X	2	=	2

3.

Number of Apples in each basket		Number of baskets		Apples in all the baskets
1	X	3	=	

4.

Number of Apples in each basket		Number of baskets		Apples in all the baskets
1	X	4	=	

Day 1: Table of 1

Date: _____

- ❖ There is 1 Apple in the basket.
- ❖ Count number of Baskets.
- ❖ Then count the Apples in all the Baskets.

5.

Number of Apples in each basket	Number of baskets		Apples in all the baskets
1	X 5	=	☐

6.

Number of Apples in each basket	Number of baskets		Apples in all the baskets
1	X 6	=	☐

7.

Number of Apples in each basket	Number of baskets		Apples in all the baskets
1	X 7	=	☐

Day 1: Table of 1

Date: _____

- There is 1 Apple in the basket.
- Count number of Baskets.
- Then count the Apples in all the Baskets.

8.

Number of Apples in each basket	Number of baskets		Apples in all the baskets
1	X 8	=	☐

9.

Number of Apples in each basket	Number of baskets		Apples in all the baskets
1	X 9	=	☐

10.

Number of Apples in each basket	Number of baskets		Apples in all the baskets
1	X 10	=	☐

Day 1: Table of 1

Date: _____

Let us rewrite this in Times Table format

1	X	1	=	1		1	X	1	=	☐
1	X	2	=	2		1	X	2	=	☐
1	X	3	=	3		1	X	3	=	☐
1	X	4	=	4		1	X	4	=	☐
1	X	5	=	5		1	X	5	=	☐
1	X	6	=	6		1	X	6	=	☐
1	X	7	=	7		1	X	7	=	☐
1	X	8	=	8		1	X	8	=	☐
1	X	9	=	9		1	X	9	=	☐
1	X	10	=	10		1	X	10	=	☐

Day 2: Table of 2

Date: _____

- ❖ There are two wheels in a bike.
- ❖ Count number of number of bikes.
- ❖ Then count the number of wheels all together.

1.

Number of wheels in a Bike		Number of Bikes		Total number of wheels all together
2	X	1	=	2

2.

Number of wheels in a Bike		Number of Bikes		Total number of wheels all together
2	X	2	=	4

3.

Number of wheels in a Bike		Number of Bikes		Total number of wheels all together
2	X	3	=	

4.

Number of wheels in a Bike		Number of Bikes		Total number of wheels all together
2	X	4	=	

Day 2: Table of 2

Date: _____

- ❖ There are two wheels in a bike.
- ❖ Count number of number of bikes.
- ❖ Then count the number of wheels all together.

5.

Number of wheels in a Bike		Number of Bikes		Total number of wheels all together
2	X	5	=	☐

6.

Number of wheels in a Bike		Number of Bikes		Total number of wheels all together
2	X	6	=	☐

7.

Number of wheels in a Bike		Number of Bikes		Total number of wheels all together
2	X	7	=	☐

Day 2: Table of 2

Date: _____

- There are two wheels in a bike.
- Count number of number of bikes.
- Then count the number of wheels all together.

8.

Number of wheels in a Bike		Number of Bikes		Total number of wheels all together
2	X	8	=	☐

9.

Number of wheels in a Bike		Number of Bikes		Total number of wheels all together
2	X	9	=	☐

10.

Number of wheels in a Bike		Number of Bikes		Total number of wheels all together
2	X	10	=	☐

Day 2: Table of 2

Date: _____

Let us rewrite this in Times Table format										
2	4	6	8	10	12	14	16	18	20

2 X 1 = 2   2 X 1 = ☐

2 X 2 = 4   2 X 2 = ☐

2 X 3 = 6   2 X 3 = ☐

2 X 4 = 8   2 X 4 = ☐

2 X 5 = 10   2 X 5 = ☐

2 X 6 = 12   2 X 6 = ☐

2 X 7 = 14   2 X 7 = ☐

2 X 8 = 16   2 X 8 = ☐

2 X 9 = 18   2 X 9 = ☐

2 X 10 = 20   2 X 10 = ☐

Day 3: Table of 2 - Practice

Date: _____

Let us practice Table of 2									
2	4	6	8	10	12	14	16	18	20

2 X 1 = 2   2 X 1 = ☐

2 X 2 = 4   2 X 2 = ☐

2 X 3 = 6   2 X 3 = ☐

2 X 4 = 8   2 X 4 = ☐

2 X 5 = 10   2 X 5 = ☐

2 X 6 = 12   2 X 6 = ☐

2 X 7 = 14   2 X 7 = ☐

2 X 8 = 16   2 X 8 = ☐

2 X 9 = 18   2 X 9 = ☐

2 X 10 = 20   2 X 10 = ☐

Day 3: Table of 2 - Practice

Date: _____

Let us practice Table of 2

2	4	6	8	10	12	14	16	18	20

2 X 1 = 2   2 X 1 = ☐

2 X 2 = 4   2 X 2 = ☐

2 X 3 = 6   2 X 3 = ☐

2 X 4 = 8   2 X 4 = ☐

2 X 5 = 10   2 X 5 = ☐

2 X 6 = 12   2 X 6 = ☐

2 X 7 = 14   2 X 7 = ☐

2 X 8 = 16   2 X 8 = ☐

2 X 9 = 18   2 X 9 = ☐

2 X 10 = 20   2 X 10 = ☐

Day 3: Table of 2 - Practice

Date: _____

2	4	6	8	10	12	14	16	18	20

Let us practice Table of 2

2 X 1 = 2   2 X 1 = ☐

2 X 2 = 4   2 X 2 = ☐

2 X 3 = 6   2 X 3 = ☐

2 X 4 = 8   2 X 4 = ☐

2 X 5 = 10   2 X 5 = ☐

2 X 6 = 12   2 X 6 = ☐

2 X 7 = 14   2 X 7 = ☐

2 X 8 = 16   2 X 8 = ☐

2 X 9 = 18   2 X 9 = ☐

2 X 10 = 20   2 X 10 = ☐

Day 3: Table of 2 - Practice

Date: _____

2	4	6	8	10	12	14	16	18	20

Let us practice Table of 2

2 X 1 = ☐   2 X 1 = ☐

2 X 2 = ☐   2 X 2 = ☐

2 X 3 = ☐   2 X 3 = ☐

2 X 4 = ☐   2 X 4 = ☐

2 X 5 = ☐   2 X 5 = ☐

2 X 6 = ☐   2 X 6 = ☐

2 X 7 = ☐   2 X 7 = ☐

2 X 8 = ☐   2 X 8 = ☐

2 X 9 = ☐   2 X 9 = ☐

2 X 10 = ☐   2 X 10 = ☐

Day 4: Table of 2 - Practice

Date: _____

Let us practice Table of 2

2	4	6	8	10	12	14	16	18	20

2 X 1 = ☐   2 X 1 = ☐

2 X 2 = ☐   2 X 2 = ☐

2 X 3 = ☐   2 X 3 = ☐

2 X 4 = ☐   2 X 4 = ☐

2 X 5 = ☐   2 X 5 = ☐

2 X 6 = ☐   2 X 6 = ☐

2 X 7 = ☐   2 X 7 = ☐

2 X 8 = ☐   2 X 8 = ☐

2 X 9 = ☐   2 X 9 = ☐

2 X 10 = ☐   2 X 10 = ☐

Day 4: Table of 2 - Practice

Date: _____

Let us practice Table of 2

2	4	6	8	10	12	14	16	18	20

2 X 1 = ☐   2 X 1 = ☐

2 X 2 = ☐   2 X 2 = ☐

2 X 3 = ☐   2 X 3 = ☐

2 X 4 = ☐   2 X 4 = ☐

2 X 5 = ☐   2 X 5 = ☐

2 X 6 = ☐   2 X 6 = ☐

2 X 7 = ☐   2 X 7 = ☐

2 X 8 = ☐   2 X 8 = ☐

2 X 9 = ☐   2 X 9 = ☐

2 X 10 = ☐   2 X 10 = ☐

Day 4: Table of 2 - Practice

Date: _____

Let us practice Table of 2										
2	4	6	8	10	12	14	16	18	20

2 X 1 = ☐   2 X 1 = ☐

2 X 2 = ☐   2 X 2 = ☐

2 X 3 = ☐   2 X 3 = ☐

2 X 4 = ☐   2 X 4 = ☐

2 X 5 = ☐   2 X 5 = ☐

2 X 6 = ☐   2 X 6 = ☐

2 X 7 = ☐   2 X 7 = ☐

2 X 8 = ☐   2 X 8 = ☐

2 X 9 = ☐   2 X 9 = ☐

2 X 10 = ☐   2 X 10 = ☐

Day 4: Table of 2 - Practice

Date: _____

2	**4**	**6**	**8**	**10**	**12**	**14**	**16**	**18**	**20**

Let us practice Table of 2

2 X 1 = ☐   2 X 1 = ☐

2 X 2 = ☐   2 X 2 = ☐

2 X 3 = ☐   2 X 3 = ☐

2 X 4 = ☐   2 X 4 = ☐

2 X 5 = ☐   2 X 5 = ☐

2 X 6 = ☐   2 X 6 = ☐

2 X 7 = ☐   2 X 7 = ☐

2 X 8 = ☐   2 X 8 = ☐

2 X 9 = ☐   2 X 9 = ☐

2 X 10 = ☐   2 X 10 = ☐

Day 5: Table of 3

Date: _____

- ❖ There are three golf balls in a box.
- ❖ Count number of boxes.
- ❖ Then count the number of golf balls all together.

1.

Number of golf balls in a box		Number of Boxes		Total number of golf Balls
3	X	1	=	3

2.

Number of golf balls in a box		Number of Boxes		Total number of golf Balls
3	X	2	=	6

3.

Number of golf balls in a box		Number of Boxes		Total number of golf Balls
3	X	3	=	

4.

Number of golf balls in a box		Number of Boxes		Total number of golf Balls
3	X	4	=	

Day 5: Table of 3

Date: _____

- ❖ There are three golf balls in a box.
- ❖ Count number of boxes.
- ❖ Then count the number of golf balls all together.

5.

Number of golf balls in a box	Number of Boxes	Total number of golf Balls
3	X 5 =	☐

6.

Number of golf balls in a box	Number of Boxes	Total number of golf Balls
3	X 6 =	☐

7.

Number of golf balls in a box	Number of Boxes	Total number of golf Balls
3	X 7 =	☐

Day 5: Table of 3

Date: _____

- ❖ There are three golf balls in a box.
- ❖ Count number of boxes.
- ❖ Then count the number of golf balls all together.

8.

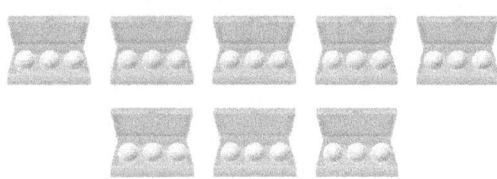

Number of golf balls in a box		Number of Boxes		Total number of golf Balls
3	X	8	=	☐

9.

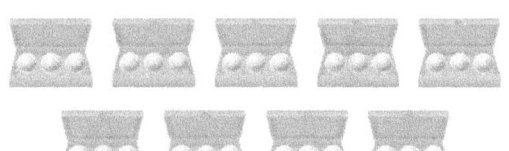

Number of golf balls in a box		Number of Boxes		Total number of golf Balls
3	X	9	=	☐

10.

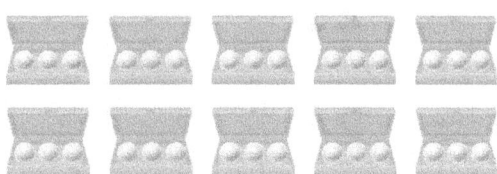

Number of golf balls in a box		Number of Boxes		Total number of golf Balls
3	X	10	=	☐

Day 5: Table of 3

Date: _____

Let us rewrite this in Times Table format

| 3 | 6 | 9 | 12 | 15 | 18 | 21 | 24 | 27 | 30 |

3 X 1 = 3   3 X 1 = ☐

3 X 2 = 6   3 X 2 = ☐

3 X 3 = 9   3 X 3 = ☐

3 X 4 = 12   3 X 4 = ☐

3 X 5 = 15   3 X 5 = ☐

3 X 6 = 18   3 X 6 = ☐

3 X 7 = 21   3 X 7 = ☐

3 X 8 = 24   3 X 8 = ☐

3 X 9 = 27   3 X 9 = ☐

3 X 10 = 30   3 X 10 = ☐

Day 6: Table of 3

Date: _____

Let us practice Table of 3									
3	6	9	12	15	18	21	24	27	30

3 X 1 = 3   3 X 1 = ☐

3 X 2 = 6   3 X 2 = ☐

3 X 3 = 9   3 X 3 = ☐

3 X 4 = 12   3 X 4 = ☐

3 X 5 = 15   3 X 5 = ☐

3 X 6 = 18   3 X 6 = ☐

3 X 7 = 21   3 X 7 = ☐

3 X 8 = 24   3 X 8 = ☐

3 X 9 = 27   3 X 9 = ☐

3 X 10 = 30   3 X 10 = ☐

Day 6: Table of 3 - Practice

Date: _____

Let us practice Table of 3

| 3 | 6 | 9 | 12 | 15 | 18 | 21 | 24 | 27 | 30 |

3 X 1 = 3   3 X 1 = ☐

3 X 2 = 6   3 X 2 = ☐

3 X 3 = 9   3 X 3 = ☐

3 X 4 = 12   3 X 4 = ☐

3 X 5 = 15   3 X 5 = ☐

3 X 6 = 18   3 X 6 = ☐

3 X 7 = 21   3 X 7 = ☐

3 X 8 = 24   3 X 8 = ☐

3 X 9 = 27   3 X 9 = ☐

3 X 10 = 30   3 X 10 = ☐

Day 6: Table of 3 - Practice

Date: _____

Let us practice Table of 3

| 3 | 6 | 9 | 12 | 15 | 18 | 21 | 24 | 27 | 30 |

3 X 1 = 3   3 X 1 = ☐
3 X 2 = 6   3 X 2 = ☐
3 X 3 = 9   3 X 3 = ☐
3 X 4 = 12   3 X 4 = ☐
3 X 5 = 15   3 X 5 = ☐
3 X 6 = 18   3 X 6 = ☐
3 X 7 = 21   3 X 7 = ☐
3 X 8 = 24   3 X 8 = ☐
3 X 9 = 27   3 X 9 = ☐
3 X 10 = 30   3 X 10 = ☐

Day 6: Table of 3 - Practice

Date: _____

3	6	9	12	15	18	21	24	27	30

Let us practice Table of 3

3 X 1 = ☐   3 X 1 = ☐

3 X 2 = ☐   3 X 2 = ☐

3 X 3 = ☐   3 X 3 = ☐

3 X 4 = ☐   3 X 4 = ☐

3 X 5 = ☐   3 X 5 = ☐

3 X 6 = ☐   3 X 6 = ☐

3 X 7 = ☐   3 X 7 = ☐

3 X 8 = ☐   3 X 8 = ☐

3 X 9 = ☐   3 X 9 = ☐

3 X 10 = ☐   3 X 10 = ☐

Day 7: Table of 3 - Practice

Date: _____

Let us practice Table of 3

| 3 | 6 | 9 | 12 | 15 | 18 | 21 | 24 | 27 | 30 |

3 X 1 = ☐   3 X 1 = ☐

3 X 2 = ☐   3 X 2 = ☐

3 X 3 = ☐   3 X 3 = ☐

3 X 4 = ☐   3 X 4 = ☐

3 X 5 = ☐   3 X 5 = ☐

3 X 6 = ☐   3 X 6 = ☐

3 X 7 = ☐   3 X 7 = ☐

3 X 8 = ☐   3 X 8 = ☐

3 X 9 = ☐   3 X 9 = ☐

3 X 10 = ☐   3 X 10 = ☐

Day 7: Table of 3 - Practice

Date: _____

Let us practice Table of 3

3	6	9	12	15	18	21	24	27	30

3 X 1 = ☐   3 X 1 = ☐

3 X 2 = ☐   3 X 2 = ☐

3 X 3 = ☐   3 X 3 = ☐

3 X 4 = ☐   3 X 4 = ☐

3 X 5 = ☐   3 X 5 = ☐

3 X 6 = ☐   3 X 6 = ☐

3 X 7 = ☐   3 X 7 = ☐

3 X 8 = ☐   3 X 8 = ☐

3 X 9 = ☐   3 X 9 = ☐

3 X 10 = ☐   3 X 10 = ☐

Day 7: Table of 3 - Practice

Date: _____

| 3 | 6 | 9 | 12 | 15 | 18 | 21 | 24 | 27 | 30 |

Let us practice Table of 3

3 X 1 = ☐   3 X 1 = ☐
3 X 2 = ☐   3 X 2 = ☐
3 X 3 = ☐   3 X 3 = ☐
3 X 4 = ☐   3 X 4 = ☐
3 X 5 = ☐   3 X 5 = ☐
3 X 6 = ☐   3 X 6 = ☐
3 X 7 = ☐   3 X 7 = ☐
3 X 8 = ☐   3 X 8 = ☐
3 X 9 = ☐   3 X 9 = ☐
3 X 10 = ☐   3 X 10 = ☐

Day 7: Table of 3 - Practice

Date: _____

Let us practice Table of 3

| 3 | 6 | 9 | 12 | 15 | 18 | 21 | 24 | 27 | 30 |

3 X 1 = ☐   3 X 1 = ☐

3 X 2 = ☐   3 X 2 = ☐

3 X 3 = ☐   3 X 3 = ☐

3 X 4 = ☐   3 X 4 = ☐

3 X 5 = ☐   3 X 5 = ☐

3 X 6 = ☐   3 X 6 = ☐

3 X 7 = ☐   3 X 7 = ☐

3 X 8 = ☐   3 X 8 = ☐

3 X 9 = ☐   3 X 9 = ☐

3 X 10 = ☐   3 X 10 = ☐

Day 8: Table of 2 and 3 - Practice

Date: _____

Let us practice Table of 2 and 3										
2	4	6	8	10	12	14	16	18	20
3	6	9	12	15	18	21	24	27	30

2 X 1 = ☐   3 X 1 = ☐

2 X 2 = ☐   3 X 2 = ☐

2 X 3 = ☐   3 X 3 = ☐

2 X 4 = ☐   3 X 4 = ☐

2 X 5 = ☐   3 X 5 = ☐

2 X 6 = ☐   3 X 6 = ☐

2 X 7 = ☐   3 X 7 = ☐

2 X 8 = ☐   3 X 8 = ☐

2 X 9 = ☐   3 X 9 = ☐

2 X 10 = ☐   3 X 10 = ☐

Day 8: Table of 2 and 3 - Practice

Date: _____

Let us practice Table of 2 and 3

2	4	6	8	10	12	14	16	18	20
3	6	9	12	15	18	21	24	27	30

2 X 1 = ☐   3 X 1 = ☐

2 X 2 = ☐   3 X 2 = ☐

2 X 3 = ☐   3 X 3 = ☐

2 X 4 = ☐   3 X 4 = ☐

2 X 5 = ☐   3 X 5 = ☐

2 X 6 = ☐   3 X 6 = ☐

2 X 7 = ☐   3 X 7 = ☐

2 X 8 = ☐   3 X 8 = ☐

2 X 9 = ☐   3 X 9 = ☐

2 X 10 = ☐   3 X 10 = ☐

Day 8: Table of 2 and 3 - Practice

Date: _____

Let us practice Table of 2 and 3

2	4	6	8	10	12	14	16	18	20
3	6	9	12	15	18	21	24	27	30

2 X 1 = ☐   3 X 1 = ☐

2 X 2 = ☐   3 X 2 = ☐

2 X 3 = ☐   3 X 3 = ☐

2 X 4 = ☐   3 X 4 = ☐

2 X 5 = ☐   3 X 5 = ☐

2 X 6 = ☐   3 X 6 = ☐

2 X 7 = ☐   3 X 7 = ☐

2 X 8 = ☐   3 X 8 = ☐

2 X 9 = ☐   3 X 9 = ☐

2 X 10 = ☐   3 X 10 = ☐

Day 8: Table of 2 and 3 - Practice

Date: _____

Let us practice Table of 2 and 3

2	4	6	8	10	12	14	16	18	20
3	6	9	12	15	18	21	24	27	30

2 X 1 = ☐   3 X 1 = ☐

2 X 2 = ☐   3 X 2 = ☐

2 X 3 = ☐   3 X 3 = ☐

2 X 4 = ☐   3 X 4 = ☐

2 X 5 = ☐   3 X 5 = ☐

2 X 6 = ☐   3 X 6 = ☐

2 X 7 = ☐   3 X 7 = ☐

2 X 8 = ☐   3 X 8 = ☐

2 X 9 = ☐   3 X 9 = ☐

2 X 10 = ☐   3 X 10 = ☐

Day 9: Table of 2 and 3 - Practice

Date: _____

Let us practice Table of 2 and 3

2	4	6	8	10	12	14	16	18	20
3	6	9	12	15	18	21	24	27	30

2 X 1 = ☐   3 X 1 = ☐

2 X 2 = ☐   3 X 2 = ☐

2 X 3 = ☐   3 X 3 = ☐

2 X 4 = ☐   3 X 4 = ☐

2 X 5 = ☐   3 X 5 = ☐

2 X 6 = ☐   3 X 6 = ☐

2 X 7 = ☐   3 X 7 = ☐

2 X 8 = ☐   3 X 8 = ☐

2 X 9 = ☐   3 X 9 = ☐

2 X 10 = ☐   3 X 10 = ☐

Day 9: Table of 2 and 3 - Practice

Date: _____

Let us practice Table of 2 and 3

2	4	6	8	10	12	14	16	18	20
3	6	9	12	15	18	21	24	27	30

2 X 1 = ☐   3 X 1 = ☐

2 X 2 = ☐   3 X 2 = ☐

2 X 3 = ☐   3 X 3 = ☐

2 X 4 = ☐   3 X 4 = ☐

2 X 5 = ☐   3 X 5 = ☐

2 X 6 = ☐   3 X 6 = ☐

2 X 7 = ☐   3 X 7 = ☐

2 X 8 = ☐   3 X 8 = ☐

2 X 9 = ☐   3 X 9 = ☐

2 X 10 = ☐   3 X 10 = ☐

Day 9: Table of 2 and 3 - Practice

Date: _____

Let us practice Table of 2 and 3									
2	4	6	8	10	12	14	16	18	20
3	6	9	12	15	18	21	24	27	30

2 X 1 = ☐   3 X 1 = ☐

2 X 2 = ☐   3 X 2 = ☐

2 X 3 = ☐   3 X 3 = ☐

2 X 4 = ☐   3 X 4 = ☐

2 X 5 = ☐   3 X 5 = ☐

2 X 6 = ☐   3 X 6 = ☐

2 X 7 = ☐   3 X 7 = ☐

2 X 8 = ☐   3 X 8 = ☐

2 X 9 = ☐   3 X 9 = ☐

2 X 10 = ☐   3 X 10 = ☐

Day 9: Table of 2 and 3 - Practice

Date: _____

Let us practice Table of 2 and 3

2	4	6	8	10	12	14	16	18	20
3	6	9	12	15	18	21	24	27	30

2 X 1 = ☐   3 X 1 = ☐

2 X 2 = ☐   3 X 2 = ☐

2 X 3 = ☐   3 X 3 = ☐

2 X 4 = ☐   3 X 4 = ☐

2 X 5 = ☐   3 X 5 = ☐

2 X 6 = ☐   3 X 6 = ☐

2 X 7 = ☐   3 X 7 = ☐

2 X 8 = ☐   3 X 8 = ☐

2 X 9 = ☐   3 X 9 = ☐

2 X 10 = ☐   3 X 10 = ☐

Day 10: Table of 2 and 3 - Practice

Date: _____

| Let us practice Table of 2 and 3 |

2 X 1 = ☐   3 X 1 = ☐

2 X 2 = ☐   3 X 2 = ☐

2 X 3 = ☐   3 X 3 = ☐

2 X 4 = ☐   3 X 4 = ☐

2 X 5 = ☐   3 X 5 = ☐

2 X 6 = ☐   3 X 6 = ☐

2 X 7 = ☐   3 X 7 = ☐

2 X 8 = ☐   3 X 8 = ☐

2 X 9 = ☐   3 X 9 = ☐

2 X 10 = ☐   3 X 10 = ☐

Day 10: Table of 2 and 3 - Practice

Date: _____

| Let us practice Table of 2 and 3 |

2 X 1 = ☐   3 X 1 = ☐

2 X 2 = ☐   3 X 2 = ☐

2 X 3 = ☐   3 X 3 = ☐

2 X 4 = ☐   3 X 4 = ☐

2 X 5 = ☐   3 X 5 = ☐

2 X 6 = ☐   3 X 6 = ☐

2 X 7 = ☐   3 X 7 = ☐

2 X 8 = ☐   3 X 8 = ☐

2 X 9 = ☐   3 X 9 = ☐

2 X 10 = ☐   3 X 10 = ☐

Day 10: Table of 2 and 3 - Practice

Date: _____

| Let us practice Table of 2 and 3 |

2 X 1 = ☐   3 X 1 = ☐

2 X 2 = ☐   3 X 2 = ☐

2 X 3 = ☐   3 X 3 = ☐

2 X 4 = ☐   3 X 4 = ☐

2 X 5 = ☐   3 X 5 = ☐

2 X 6 = ☐   3 X 6 = ☐

2 X 7 = ☐   3 X 7 = ☐

2 X 8 = ☐   3 X 8 = ☐

2 X 9 = ☐   3 X 9 = ☐

2 X 10 = ☐   3 X 10 = ☐

Day 10: Table of 2 and 3 - Practice

Date: _____

| Let us practice Table of 2 and 3 |

2 X 1 = ☐   3 X 1 = ☐

2 X 2 = ☐   3 X 2 = ☐

2 X 3 = ☐   3 X 3 = ☐

2 X 4 = ☐   3 X 4 = ☐

2 X 5 = ☐   3 X 5 = ☐

2 X 6 = ☐   3 X 6 = ☐

2 X 7 = ☐   3 X 7 = ☐

2 X 8 = ☐   3 X 8 = ☐

2 X 9 = ☐   3 X 9 = ☐

2 X 10 = ☐   3 X 10 = ☐

Day 11: Table of 4

Date: _____

- There are 4 Panes in a Window.
- Count number of windows.
- Then count the number of panes all together.

1.

Let us use number line to count by 4

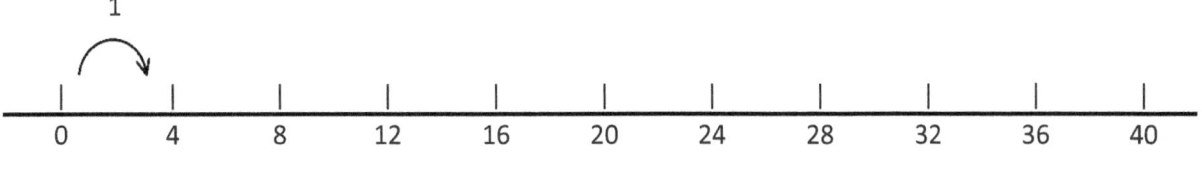

Number of Panes in a Window		Number of Windows		Total Number of Panes all together
4	X	1	=	4

2.

Let us use number line to count by 4

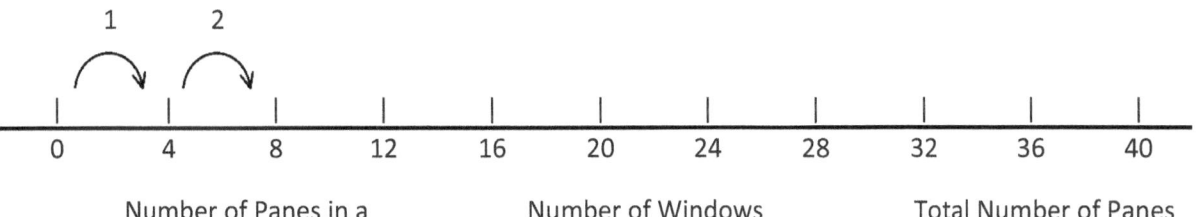

Number of Panes in a Window		Number of Windows		Total Number of Panes all together
4	X	2	=	8

Day 11: Table of 4

Date: _____

- There are 4 Panes in a Window.
- Count number of windows.
- Then count the number of panes all together.

3.

Let us use number line to count by 4

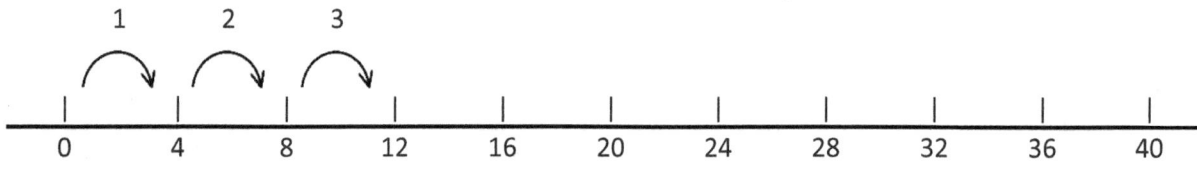

Number of Panes in a Window	Number of Windows	Total Number of Panes all together
4	X 3	= ☐

4.

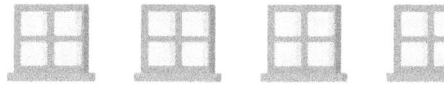

Let us use number line to count by 4

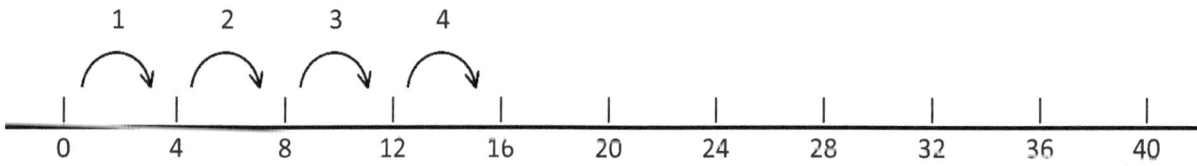

Number of Panes in a Window	Number of Windows	Total Number of Panes all together
4	X 4	= ☐

Day 11: Table of 4

Date: _____

- ❖ There are 4 Panes in a Window.
- ❖ Count number of windows.
- ❖ Then count the number of panes all together.

5.

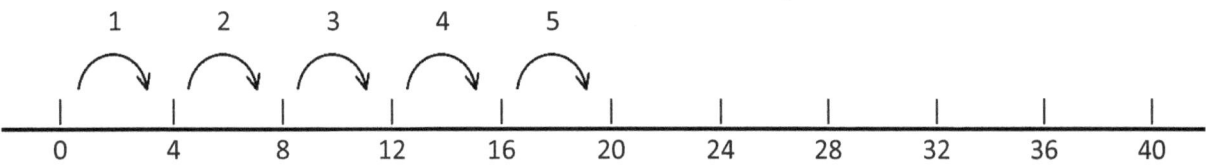

Number of Panes in a Window		Number of Windows		Total Number of Panes all together
4	X	5	=	☐

6.

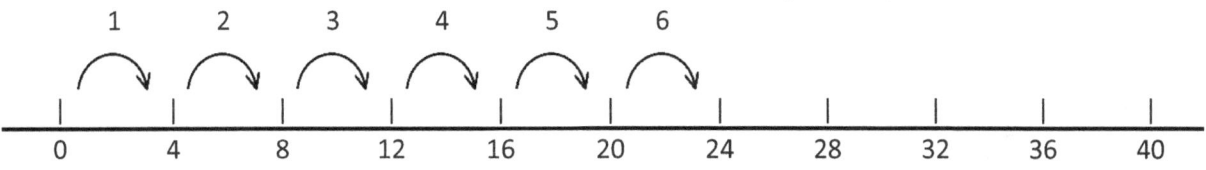

Number of Panes in a Window		Number of Windows		Total Number of Panes all together
4	X	6	=	☐

Day 11: Table of 4

Date: _____

- ❖ There are 4 Panes in a Window.
- ❖ Count number of windows.
- ❖ Then count the number of panes all together.

7.

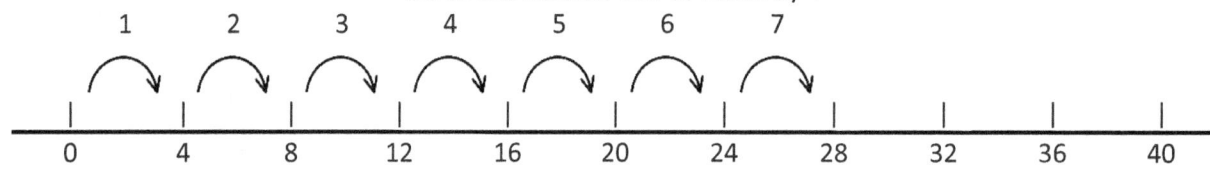

Number of Panes in a Window		Number of Windows		Total Number of Panes all together
4	X	7	=	☐

8.

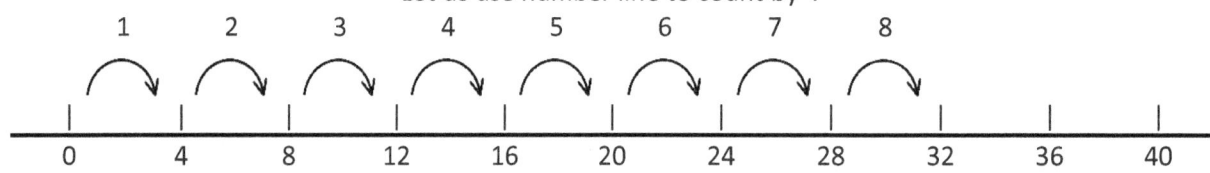

Number of Panes in a Window		Number of Windows		Total Number of Panes all together
4	X	8	=	☐

Day 11: Table of 4

Date: _____

❖ There are 4 Panes in a Window.
❖ Count number of windows.
❖ Then count the number of panes all together.

9.

Let us use number line to count by 4

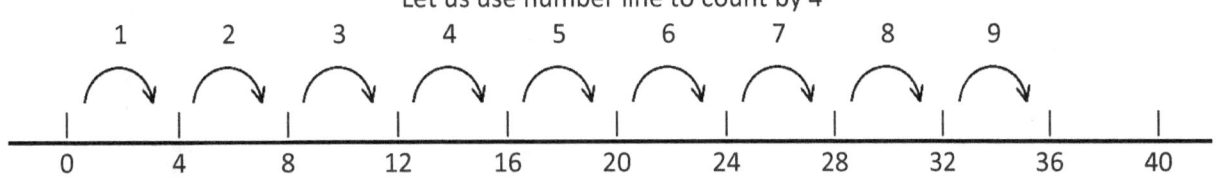

Number of Panes in a Window		Number of Windows		Total Number of Panes all together
4	X	9	=	☐

10.

Let us use number line to count by 4

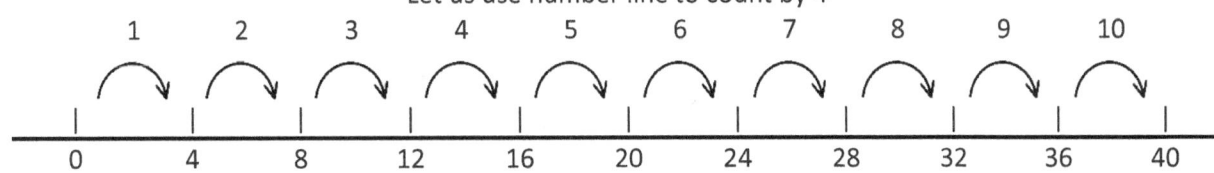

Number of Panes in a Window		Number of Windows		Total Number of Panes all together
4	X	10	=	☐

Day 11: Table of 4

Date: _____

Let us rewrite this in Times Table format

4	8	12	16	20	24	28	32	36	40

4 X 1 = 4	4 X 1 = ☐
4 X 2 = 8	4 X 2 = ☐
4 X 3 = 12	4 X 3 = ☐
4 X 4 = 16	4 X 4 = ☐
4 X 5 = 20	4 X 5 = ☐
4 X 6 = 24	4 X 6 = ☐
4 X 7 = 28	4 X 7 = ☐
4 X 8 = 32	4 X 8 = ☐
4 X 9 = 36	4 X 9 = ☐
4 X 10 = 40	4 X 10 = ☐

Day 12: Table of 4 - Practice

Date: _____

4	8	12	16	20	24	28	32	36	40

Let us practice Table of 4

4 X 1 = 4   4 X 1 = ☐

4 X 2 = 8   4 X 2 = ☐

4 X 3 = 12   4 X 3 = ☐

4 X 4 = 16   4 X 4 = ☐

4 X 5 = 20   4 X 5 = ☐

4 X 6 = 24   4 X 6 = ☐

4 X 7 = 28   4 X 7 = ☐

4 X 8 = 32   4 X 8 = ☐

4 X 9 = 36   4 X 9 = ☐

4 X 10 = 40   4 X 10 = ☐

Day 12: Table of 4 - Practice

Date: _____

Let us practice Table of 4

| 4 | 8 | 12 | 16 | 20 | 24 | 28 | 32 | 36 | 40 |

4 X 1 = 4   4 X 1 = ☐

4 X 2 = 8   4 X 2 = ☐

4 X 3 = 12   4 X 3 = ☐

4 X 4 = 16   4 X 4 = ☐

4 X 5 = 20   4 X 5 = ☐

4 X 6 = 24   4 X 6 = ☐

4 X 7 = 28   4 X 7 = ☐

4 X 8 = 32   4 X 8 = ☐

4 X 9 = 36   4 X 9 = ☐

4 X 10 = 40   4 X 10 = ☐

Day 12: Table of 4 - Practice

Date: _____

| 4 | 8 | 12 | 16 | 20 | 24 | 28 | 32 | 36 | 40 |

Let us practice Table of 4

4 X 1 = 4   4 X 1 = ☐
4 X 2 = 8   4 X 2 = ☐
4 X 3 = 12   4 X 3 = ☐
4 X 4 = 16   4 X 4 = ☐
4 X 5 = 20   4 X 5 = ☐
4 X 6 = 24   4 X 6 = ☐
4 X 7 = 28   4 X 7 = ☐
4 X 8 = 32   4 X 8 = ☐
4 X 9 = 36   4 X 9 = ☐
4 X 10 = 40   4 X 10 = ☐

Day 12: Table of 4 - Practice

Date: _____

Let us practice Table of 4

4	8	12	16	20	24	28	32	36	40

4 X 1 = ☐   4 X 1 = ☐

4 X 2 = ☐   4 X 2 = ☐

4 X 3 = ☐   4 X 3 = ☐

4 X 4 = ☐   4 X 4 = ☐

4 X 5 = ☐   4 X 5 = ☐

4 X 6 = ☐   4 X 6 = ☐

4 X 7 = ☐   4 X 7 = ☐

4 X 8 = ☐   4 X 8 = ☐

4 X 9 = ☐   4 X 9 = ☐

4 X 10 = ☐   4 X 10 = ☐

Day 13: Table of 4 - Practice

Date: _____

| 4 | 8 | 12 | 16 | 20 | 24 | 28 | 32 | 36 | 40 |

Let us practice Table of 4

4 X 1 = ☐   4 X 1 = ☐
4 X 2 = ☐   4 X 2 = ☐
4 X 3 = ☐   4 X 3 = ☐
4 X 4 = ☐   4 X 4 = ☐
4 X 5 = ☐   4 X 5 = ☐
4 X 6 = ☐   4 X 6 = ☐
4 X 7 = ☐   4 X 7 = ☐
4 X 8 = ☐   4 X 8 = ☐
4 X 9 = ☐   4 X 9 = ☐
4 X 10 = ☐   4 X 10 = ☐

Day 13: Table of 4 - Practice

Date: _____

| 4 | 8 | 12 | 16 | 20 | 24 | 28 | 32 | 36 | 40 |

Let us practice Table of 4

4 X 1 = ☐   4 X 1 = ☐
4 X 2 = ☐   4 X 2 = ☐
4 X 3 = ☐   4 X 3 = ☐
4 X 4 = ☐   4 X 4 = ☐
4 X 5 = ☐   4 X 5 = ☐
4 X 6 = ☐   4 X 6 = ☐
4 X 7 = ☐   4 X 7 = ☐
4 X 8 = ☐   4 X 8 = ☐
4 X 9 = ☐   4 X 9 = ☐
4 X 10 = ☐   4 X 10 = ☐

Day 13: Table of 4 - Practice

Date: _____

Let us practice Table of 4

| 4 | 8 | 12 | 16 | 20 | 24 | 28 | 32 | 36 | 40 |

4 X 1 = ☐   4 X 1 = ☐

4 X 2 = ☐   4 X 2 = ☐

4 X 3 = ☐   4 X 3 = ☐

4 X 4 = ☐   4 X 4 = ☐

4 X 5 = ☐   4 X 5 = ☐

4 X 6 = ☐   4 X 6 = ☐

4 X 7 = ☐   4 X 7 = ☐

4 X 8 = ☐   4 X 8 = ☐

4 X 9 = ☐   4 X 9 = ☐

4 X 10 = ☐   4 X 10 = ☐

Day 13: Table of 4 - Practice

Date: _____

Let us practice Table of 4

| 4 | 8 | 12 | 16 | 20 | 24 | 28 | 32 | 36 | 40 |

4 X 1 = ☐   4 X 1 = ☐

4 X 2 = ☐   4 X 2 = ☐

4 X 3 = ☐   4 X 3 = ☐

4 X 4 = ☐   4 X 4 = ☐

4 X 5 = ☐   4 X 5 = ☐

4 X 6 = ☐   4 X 6 = ☐

4 X 7 = ☐   4 X 7 = ☐

4 X 8 = ☐   4 X 8 = ☐

4 X 9 = ☐   4 X 9 = ☐

4 X 10 = ☐   4 X 10 = ☐

Day 14: Table of 5

Date: _____

- ❖ There are 5 stars in a picture.
- ❖ Count number of Pictures.
- ❖ Then count the number of start all together.

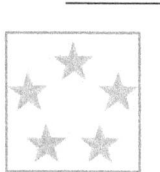

1.

Let us use number line to count by 5

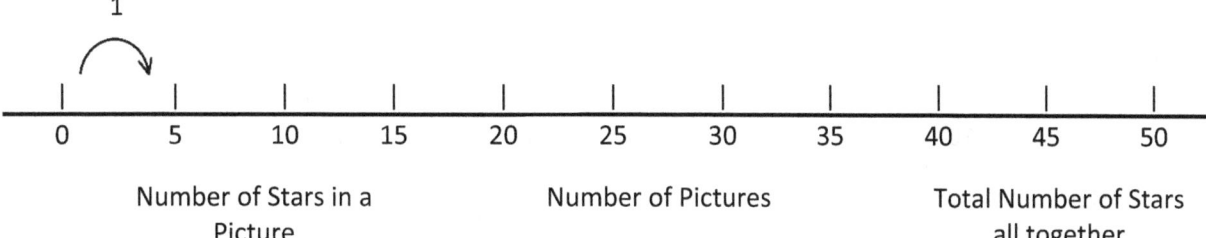

Number of Stars in a Picture		Number of Pictures		Total Number of Stars all together
5	X	1	=	5

2.

Let us use number line to count by 5

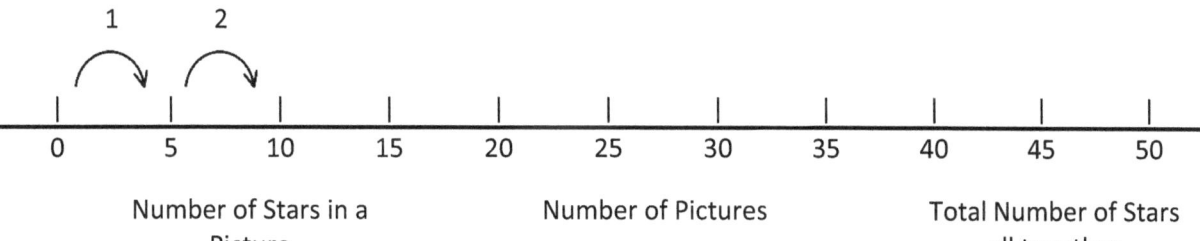

Number of Stars in a Picture		Number of Pictures		Total Number of Stars all together
5	X	2	=	10

Day 14: Table of 5

Date: _____

- There are 5 stars in a picture.
- Count number of Pictures.
- Then count the number of start all together.

3.

Let us use number line to count by 5

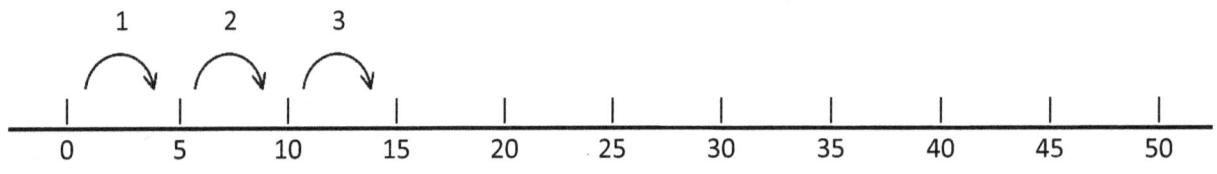

Number of Stars in a Picture	Number of Pictures		Total Number of Stars all together
5	X 3	=	☐

4.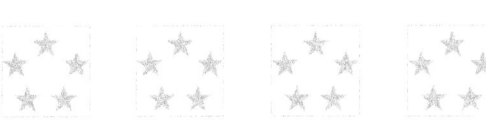

Let us use number line to count by 5

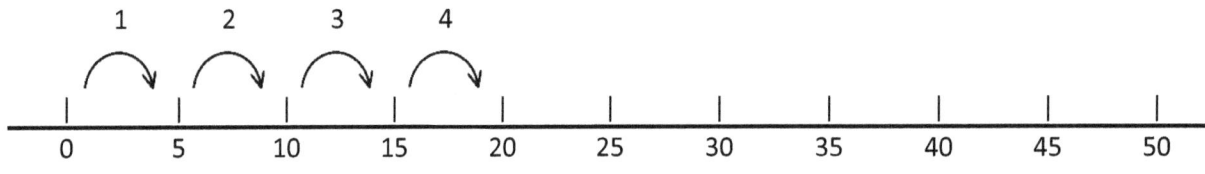

Number of Stars in a Picture	Number of Pictures		Total Number of Stars all together
5	X 4	=	☐

Day 14: Table of 5

Date: _____

- ❖ There are 5 stars in a picture.
- ❖ Count number of Pictures.
- ❖ Then count the number of start all together.

5.

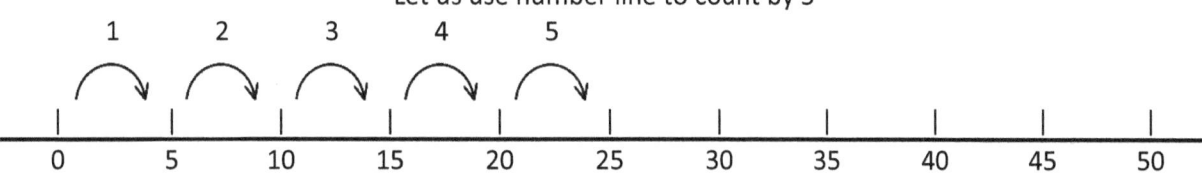

Let us use number line to count by 5

Number of Stars in a Picture		Number of Pictures		Total Number of Stars all together
5	X	5	=	☐

6.

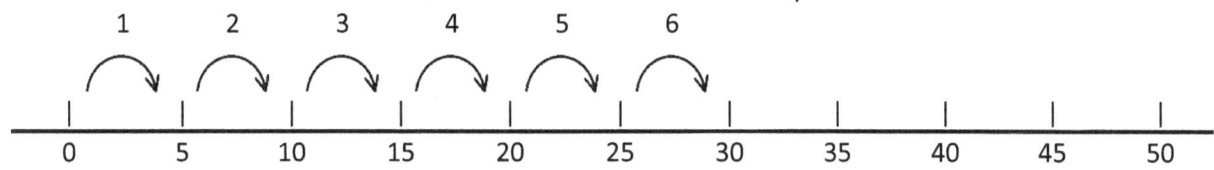

Let us use number line to count by 5

Number of Stars in a Picture		Number of Pictures		Total Number of Stars all together
5	X	6	=	☐

Day 14: Table of 5

Date: _____

- ❖ There are 5 stars in a picture.
- ❖ Count number of Pictures.
- ❖ Then count the number of start all together.

7.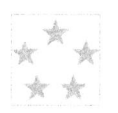

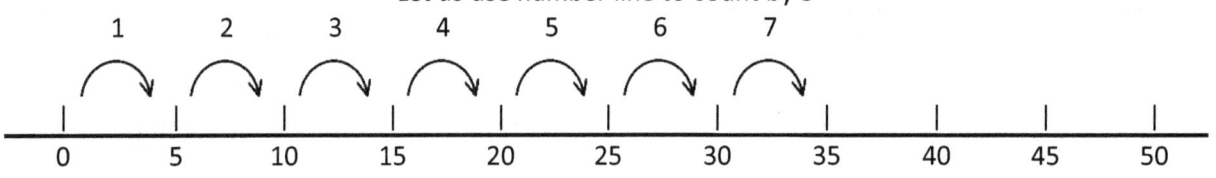

Number of Stars in a Picture		Number of Pictures		Total Number of Stars all together
5	X	7	=	☐

8.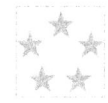

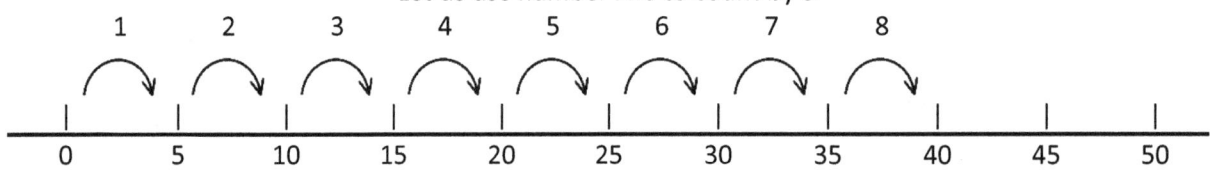

Number of Stars in a Picture		Number of Pictures		Total Number of Stars all together
5	X	8	=	☐

Day 14: Table of 5

Date: _____

- ❖ There are 5 stars in a picture.
- ❖ Count number of Pictures.
- ❖ Then count the number of start all together.

9.

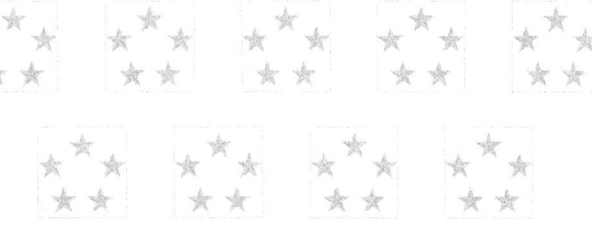

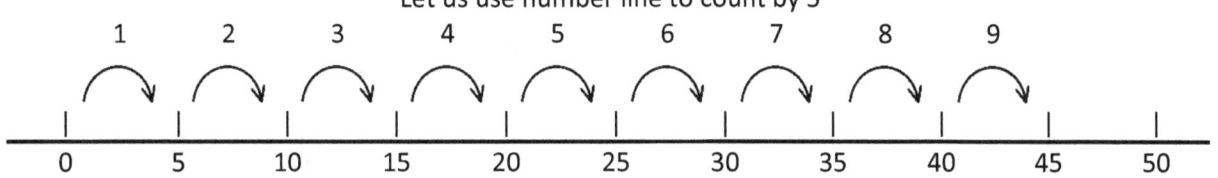

Let us use number line to count by 5

Number of Stars in a Picture		Number of Pictures		Total Number of Stars all together
5	X	9	=	☐

10.

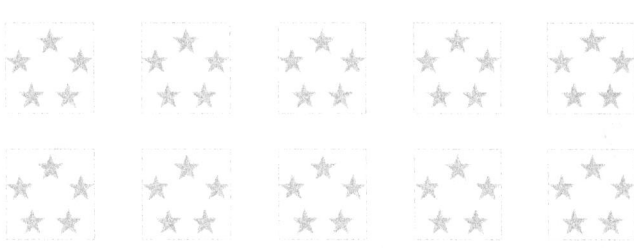

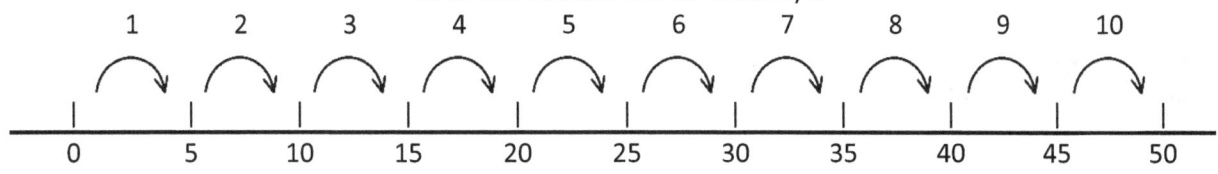

Let us use number line to count by 5

Number of Stars in a Picture		Number of Pictures		Total Number of Stars all together
5	X	10	=	☐

Day 14: Table of 5

Date: _____

Let us rewrite this in Times Table format

5	10	15	20	25	30	35	40	45	50

5 X 1 = 5   5 X 1 = ☐

5 X 2 = 10   5 X 2 = ☐

5 X 3 = 15   5 X 3 = ☐

5 X 4 = 20   5 X 4 = ☐

5 X 5 = 25   5 X 5 = ☐

5 X 6 = 30   5 X 6 = ☐

5 X 7 = 35   5 X 7 = ☐

5 X 8 = 40   5 X 8 = ☐

5 X 9 = 45   5 X 9 = ☐

5 X 10 = 50   5 X 10 = ☐

Day 15: Table of 5 - Practice

Date: _____

Let us practice Table of 5

| 5 | 10 | 15 | 20 | 25 | 30 | 35 | 40 | 45 | 50 |

5 X 1 = 5   5 X 1 = ☐
5 X 2 = 10   5 X 2 = ☐
5 X 3 = 15   5 X 3 = ☐
5 X 4 = 20   5 X 4 = ☐
5 X 5 = 25   5 X 5 = ☐
5 X 6 = 30   5 X 6 = ☐
5 X 7 = 35   5 X 7 = ☐
5 X 8 = 40   5 X 8 = ☐
5 X 9 = 45   5 X 9 = ☐
5 X 10 = 50   5 X 10 = ☐

Day 15: Table of 5 - Practice

Date: _____

Let us practice Table of 5										
5	10	15	20	25	30	35	40	45	50

5 X 1 = 5   5 X 1 = ☐

5 X 2 = 10   5 X 2 = ☐

5 X 3 = 15   5 X 3 = ☐

5 X 4 = 20   5 X 4 = ☐

5 X 5 = 25   5 X 5 = ☐

5 X 6 = 30   5 X 6 = ☐

5 X 7 = 35   5 X 7 = ☐

5 X 8 = 40   5 X 8 = ☐

5 X 9 = 45   5 X 9 = ☐

5 X 10 = 50   5 X 10 = ☐

Day 15: Table of 5 - Practice

Date: _____

| 5 | 10 | 15 | 20 | 25 | 30 | 35 | 40 | 45 | 50 |

Let us practice Table of 5

5 X 1 = 5	5 X 1 = ☐
5 X 2 = 10	5 X 2 = ☐
5 X 3 = 15	5 X 3 = ☐
5 X 4 = 20	5 X 4 = ☐
5 X 5 = 25	5 X 5 = ☐
5 X 6 = 30	5 X 6 = ☐
5 X 7 = 35	5 X 7 = ☐
5 X 8 = 40	5 X 8 = ☐
5 X 9 = 45	5 X 9 = ☐
5 X 10 = 50	5 X 10 = ☐

Day 15: Table of 5 - Practice

Date: _____

Let us practice Table of 5										

5	10	15	20	25	30	35	40	45	50

5 X 1 = ☐   5 X 1 = ☐

5 X 2 = ☐   5 X 2 = ☐

5 X 3 = ☐   5 X 3 = ☐

5 X 4 = ☐   5 X 4 = ☐

5 X 5 = ☐   5 X 5 = ☐

5 X 6 = ☐   5 X 6 = ☐

5 X 7 = ☐   5 X 7 = ☐

5 X 8 = ☐   5 X 8 = ☐

5 X 9 = ☐   5 X 9 = ☐

5 X 10 = ☐   5 X 10 = ☐

Day 16: Table of 5 - Practice

Date: _____

Let us practice Table of 5

| 5 | 10 | 15 | 20 | 25 | 30 | 35 | 40 | 45 | 50 |

5 X 1 = ☐   5 X 1 = ☐

5 X 2 = ☐   5 X 2 = ☐

5 X 3 = ☐   5 X 3 = ☐

5 X 4 = ☐   5 X 4 = ☐

5 X 5 = ☐   5 X 5 = ☐

5 X 6 = ☐   5 X 6 = ☐

5 X 7 = ☐   5 X 7 = ☐

5 X 8 = ☐   5 X 8 = ☐

5 X 9 = ☐   5 X 9 = ☐

5 X 10 = ☐   5 X 10 = ☐

Day 16: Table of 5 - Practice

Date: _____

Let us practice Table of 5

| 5 | 10 | 15 | 20 | 25 | 30 | 35 | 40 | 45 | 50 |

5 X 1 = ☐   5 X 1 = ☐

5 X 2 = ☐   5 X 2 = ☐

5 X 3 = ☐   5 X 3 = ☐

5 X 4 = ☐   5 X 4 = ☐

5 X 5 = ☐   5 X 5 = ☐

5 X 6 = ☐   5 X 6 = ☐

5 X 7 = ☐   5 X 7 = ☐

5 X 8 = ☐   5 X 8 = ☐

5 X 9 = ☐   5 X 9 = ☐

5 X 10 = ☐   5 X 10 = ☐

Day 16: Table of 5 - Practice

Date: _____

Let us practice Table of 5

| 5 | 10 | 15 | 20 | 25 | 30 | 35 | 40 | 45 | 50 |

5 X 1 = ☐   5 X 1 = ☐

5 X 2 = ☐   5 X 2 = ☐

5 X 3 = ☐   5 X 3 = ☐

5 X 4 = ☐   5 X 4 = ☐

5 X 5 = ☐   5 X 5 = ☐

5 X 6 = ☐   5 X 6 = ☐

5 X 7 = ☐   5 X 7 = ☐

5 X 8 = ☐   5 X 8 = ☐

5 X 9 = ☐   5 X 9 = ☐

5 X 10 = ☐   5 X 10 = ☐

Day 16: Table of 5 - Practice

Date: _____

Let us practice Table of 5

| 5 | 10 | 15 | 20 | 25 | 30 | 35 | 40 | 45 | 50 |

5 X 1 = ☐   5 X 1 = ☐

5 X 2 = ☐   5 X 2 = ☐

5 X 3 = ☐   5 X 3 = ☐

5 X 4 = ☐   5 X 4 = ☐

5 X 5 = ☐   5 X 5 = ☐

5 X 6 = ☐   5 X 6 = ☐

5 X 7 = ☐   5 X 7 = ☐

5 X 8 = ☐   5 X 8 = ☐

5 X 9 = ☐   5 X 9 = ☐

5 X 10 = ☐   5 X 10 = ☐

Day 17: Tables of 2 to 5 - Practice

Date: _____

Let us practice Table of 2 and 3									
2	4	6	8	10	12	14	16	18	20
3	6	9	12	15	18	21	24	27	30

2 X 1 = ☐   3 X 1 = ☐

2 X 2 = ☐   3 X 2 = ☐

2 X 3 = ☐   3 X 3 = ☐

2 X 4 = ☐   3 X 4 = ☐

2 X 5 = ☐   3 X 5 = ☐

2 X 6 = ☐   3 X 6 = ☐

2 X 7 = ☐   3 X 7 = ☐

2 X 8 = ☐   3 X 8 = ☐

2 X 9 = ☐   3 X 9 = ☐

2 X 10 = ☐   3 X 10 = ☐

Day 17: Tables of 2 to 5 - Practice

Date: _____

> Let us practice Table of 4 and 5

4	8	12	16	20	24	28	32	36	40
5	10	15	20	25	30	35	40	45	50

4 X 1 = ☐   5 X 1 = ☐

4 X 2 = ☐   5 X 2 = ☐

4 X 3 = ☐   5 X 3 = ☐

4 X 4 = ☐   5 X 4 = ☐

4 X 5 = ☐   5 X 5 = ☐

4 X 6 = ☐   5 X 6 = ☐

4 X 7 = ☐   5 X 7 = ☐

4 X 8 = ☐   5 X 8 = ☐

4 X 9 = ☐   5 X 9 = ☐

4 X 10 = ☐   5 X 10 = ☐

Day 17: Tables of 2 to 5 - Practice

Date: _____

Let us practice Table of 2 and 3										
2	4	6	8	10	12	14	16	18	20
3	6	9	12	15	18	21	24	27	30

2 X 1 = ☐   3 X 1 = ☐

2 X 2 = ☐   3 X 2 = ☐

2 X 3 = ☐   3 X 3 = ☐

2 X 4 = ☐   3 X 4 = ☐

2 X 5 = ☐   3 X 5 = ☐

2 X 6 = ☐   3 X 6 = ☐

2 X 7 = ☐   3 X 7 = ☐

2 X 8 = ☐   3 X 8 = ☐

2 X 9 = ☐   3 X 9 = ☐

2 X 10 = ☐   3 X 10 = ☐

Day 17: Tables of 2 to 5 - Practice

Date: _____

Let us practice Table of 4 and 5

4	8	12	16	20	24	28	32	36	40
5	10	15	20	25	30	35	40	45	50

4 X 1 = ☐   5 X 1 = ☐

4 X 2 = ☐   5 X 2 = ☐

4 X 3 = ☐   5 X 3 = ☐

4 X 4 = ☐   5 X 4 = ☐

4 X 5 = ☐   5 X 5 = ☐

4 X 6 = ☐   5 X 6 = ☐

4 X 7 = ☐   5 X 7 = ☐

4 X 8 = ☐   5 X 8 = ☐

4 X 9 = ☐   5 X 9 = ☐

4 X 10 = ☐   5 X 10 = ☐

Day 18: Tables of 2 to 5 - Practice

Date: _____

Let us practice Table of 2 and 3									
2	4	6	8	10	12	14	16	18	20
3	6	9	12	15	18	21	24	27	30

2 X 1 = ☐   3 X 1 = ☐

2 X 2 = ☐   3 X 2 = ☐

2 X 3 = ☐   3 X 3 = ☐

2 X 4 = ☐   3 X 4 = ☐

2 X 5 = ☐   3 X 5 = ☐

2 X 6 = ☐   3 X 6 = ☐

2 X 7 = ☐   3 X 7 = ☐

2 X 8 = ☐   3 X 8 = ☐

2 X 9 = ☐   3 X 9 = ☐

2 X 10 = ☐   3 X 10 = ☐

Day 18: Tables of 2 to 5 - Practice

Date: _____

Let us practice Table of 4 and 5									
4	8	12	16	20	24	28	32	36	40
5	10	15	20	25	30	35	40	45	50

4 X 1 = ☐   5 X 1 = ☐

4 X 2 = ☐   5 X 2 = ☐

4 X 3 = ☐   5 X 3 = ☐

4 X 4 = ☐   5 X 4 = ☐

4 X 5 = ☐   5 X 5 = ☐

4 X 6 = ☐   5 X 6 = ☐

4 X 7 = ☐   5 X 7 = ☐

4 X 8 = ☐   5 X 8 = ☐

4 X 9 = ☐   5 X 9 = ☐

4 X 10 = ☐   5 X 10 = ☐

Day 18: Tables of 2 to 5 - Practice

Date: _____

| Let us practice Table of 2 and 3 |

2 X 1 = ☐   3 X 1 = ☐
2 X 2 = ☐   3 X 2 = ☐
2 X 3 = ☐   3 X 3 = ☐
2 X 4 = ☐   3 X 4 = ☐
2 X 5 = ☐   3 X 5 = ☐
2 X 6 = ☐   3 X 6 = ☐
2 X 7 = ☐   3 X 7 = ☐
2 X 8 = ☐   3 X 8 = ☐
2 X 9 = ☐   3 X 9 = ☐
2 X 10 = ☐   3 X 10 = ☐

Day 18: Tables of 2 to 5 - Practice

Date: _____

| Let us practice Table of 4 and 5 |

4 X 1 = ☐   5 X 1 = ☐

4 X 2 = ☐   5 X 2 = ☐

4 X 3 = ☐   5 X 3 = ☐

4 X 4 = ☐   5 X 4 = ☐

4 X 5 = ☐   5 X 5 = ☐

4 X 6 = ☐   5 X 6 = ☐

4 X 7 = ☐   5 X 7 = ☐

4 X 8 = ☐   5 X 8 = ☐

4 X 9 = ☐   5 X 9 = ☐

4 X 10 = ☐   5 X 10 = ☐

Day 19: Tables of 2 to 5 - Practice

Date: _____

| Let us practice Table of 2 and 3 |

2 X 1 = ☐   3 X 1 = ☐

2 X 2 = ☐   3 X 2 = ☐

2 X 3 = ☐   3 X 3 = ☐

2 X 4 = ☐   3 X 4 = ☐

2 X 5 = ☐   3 X 5 = ☐

2 X 6 = ☐   3 X 6 = ☐

2 X 7 = ☐   3 X 7 = ☐

2 X 8 = ☐   3 X 8 = ☐

2 X 9 = ☐   3 X 9 = ☐

2 X 10 = ☐   3 X 10 = ☐

Day 19: Tables of 2 to 5 - Practice

Date: _____

| Let us practice Table of 4 and 5 |

4 X 1 = ☐   5 X 1 = ☐

4 X 2 = ☐   5 X 2 = ☐

4 X 3 = ☐   5 X 3 = ☐

4 X 4 = ☐   5 X 4 = ☐

4 X 5 = ☐   5 X 5 = ☐

4 X 6 = ☐   5 X 6 = ☐

4 X 7 = ☐   5 X 7 = ☐

4 X 8 = ☐   5 X 8 = ☐

4 X 9 = ☐   5 X 9 = ☐

4 X 10 = ☐   5 X 10 = ☐

Day 19: Tables of 2 to 5 - Practice

Date: _____

Let us practice Table of 2 and 3

2 X 1 = ☐   3 X 1 = ☐

2 X 2 = ☐   3 X 2 = ☐

2 X 3 = ☐   3 X 3 = ☐

2 X 4 = ☐   3 X 4 = ☐

2 X 5 = ☐   3 X 5 = ☐

2 X 6 = ☐   3 X 6 = ☐

2 X 7 = ☐   3 X 7 = ☐

2 X 8 = ☐   3 X 8 = ☐

2 X 9 = ☐   3 X 9 = ☐

2 X 10 = ☐   3 X 10 = ☐

Day 19: Tables of 2 to 5 - Practice

Date: _____

| Let us practice Table of 4 and 5 |

4 X 1 = ☐   5 X 1 = ☐

4 X 2 = ☐   5 X 2 = ☐

4 X 3 = ☐   5 X 3 = ☐

4 X 4 = ☐   5 X 4 = ☐

4 X 5 = ☐   5 X 5 = ☐

4 X 6 = ☐   5 X 6 = ☐

4 X 7 = ☐   5 X 7 = ☐

4 X 8 = ☐   5 X 8 = ☐

4 X 9 = ☐   5 X 9 = ☐

4 X 10 = ☐   5 X 10 = ☐

Day 20: Tables of 2 to 5 - Practice

Date: _____

Let us practice Tables of 2 to 5

2 X 1 = ☐	3 X 1 = ☐	4 X 1 = ☐	5 X 1 = ☐
2 X 2 = ☐	3 X 2 = ☐	4 X 2 = ☐	5 X 2 = ☐
2 X 3 = ☐	3 X 3 = ☐	4 X 3 = ☐	5 X 3 = ☐
2 X 4 = ☐	3 X 4 = ☐	4 X 4 = ☐	5 X 4 = ☐
2 X 5 = ☐	3 X 5 = ☐	4 X 5 = ☐	5 X 5 = ☐
2 X 6 = ☐	3 X 6 = ☐	4 X 6 = ☐	5 X 6 = ☐
2 X 7 = ☐	3 X 7 = ☐	4 X 7 = ☐	5 X 7 = ☐
2 X 8 = ☐	3 X 8 = ☐	4 X 8 = ☐	5 X 8 = ☐
2 X 9 = ☐	3 X 9 = ☐	4 X 9 = ☐	5 X 9 = ☐
2 X 10 = ☐	3 X 10 = ☐	4 X 10 = ☐	5 X 10 = ☐

2 X 1 = ☐	3 X 1 = ☐	4 X 1 = ☐	5 X 1 = ☐
2 X 2 = ☐	3 X 2 = ☐	4 X 2 = ☐	5 X 2 = ☐
2 X 3 = ☐	3 X 3 = ☐	4 X 3 = ☐	5 X 3 = ☐
2 X 4 = ☐	3 X 4 = ☐	4 X 4 = ☐	5 X 4 = ☐
2 X 5 = ☐	3 X 5 = ☐	4 X 5 = ☐	5 X 5 = ☐
2 X 6 = ☐	3 X 6 = ☐	4 X 6 = ☐	5 X 6 = ☐
2 X 7 = ☐	3 X 7 = ☐	4 X 7 = ☐	5 X 7 = ☐
2 X 8 = ☐	3 X 8 = ☐	4 X 8 = ☐	5 X 8 = ☐
2 X 9 = ☐	3 X 9 = ☐	4 X 9 = ☐	5 X 9 = ☐
2 X 10 = ☐	3 X 10 = ☐	4 X 10 = ☐	5 X 10 = ☐

Day 20: Tables of 2 to 5 - Practice

Date: _____

Let us practice Tables of 2 to 5

2 X 1 =	3 X 1 =	4 X 1 =	5 X 1 =
2 X 2 =	3 X 2 =	4 X 2 =	5 X 2 =
2 X 3 =	3 X 3 =	4 X 3 =	5 X 3 =
2 X 4 =	3 X 4 =	4 X 4 =	5 X 4 =
2 X 5 =	3 X 5 =	4 X 5 =	5 X 5 =
2 X 6 =	3 X 6 =	4 X 6 =	5 X 6 =
2 X 7 =	3 X 7 =	4 X 7 =	5 X 7 =
2 X 8 =	3 X 8 =	4 X 8 =	5 X 8 =
2 X 9 =	3 X 9 =	4 X 9 =	5 X 9 =
2 X 10 =	3 X 10 =	4 X 10 =	5 X 10 =
2 X 1 =	3 X 1 =	4 X 1 =	5 X 1 =
2 X 2 =	3 X 2 =	4 X 2 =	5 X 2 =
2 X 3 =	3 X 3 =	4 X 3 =	5 X 3 =
2 X 4 =	3 X 4 =	4 X 4 =	5 X 4 =
2 X 5 =	3 X 5 =	4 X 5 =	5 X 5 =
2 X 6 =	3 X 6 =	4 X 6 =	5 X 6 =
2 X 7 =	3 X 7 =	4 X 7 =	5 X 7 =
2 X 8 =	3 X 8 =	4 X 8 =	5 X 8 =
2 X 9 =	3 X 9 =	4 X 9 =	5 X 9 =
2 X 10 =	3 X 10 =	4 X 10 =	5 X 10 =

Day 21: Table of 6

Date: _____

- ❖ There are 6 Pencils in a box.
- ❖ Count number of boxes.
- ❖ Then count the number of pencils all together.

1.

Let us use number line to count by 6

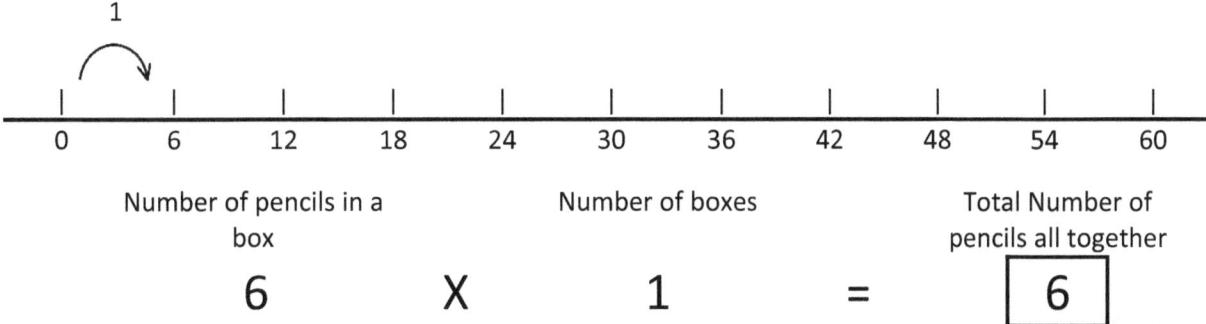

Number of pencils in a box	Number of boxes	Total Number of pencils all together
6 X	1 =	6

2.

Let us use number line to count by 5

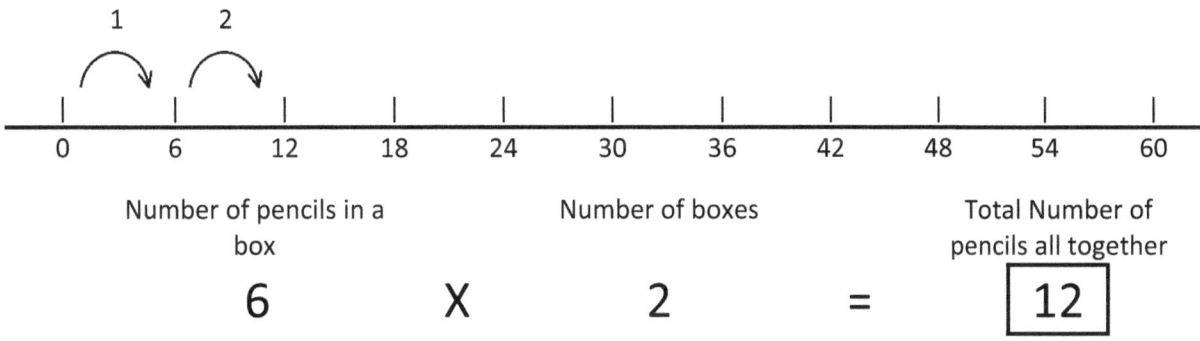

Number of pencils in a box	Number of boxes	Total Number of pencils all together
6 X	2 =	12

Day 21: Table of 6

Date: _____

- ❖ There are 6 Pencils in a box.
- ❖ Count number of boxes.
- ❖ Then count the number of pencils all together.

3.

Let us use number line to count by 6

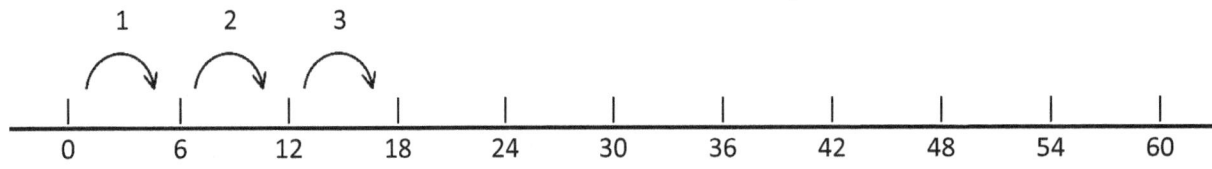

Number of pencils in a box	Number of boxes	Total Number of pencils all together
6	X 3 =	☐

4.

Let us use number line to count by 6

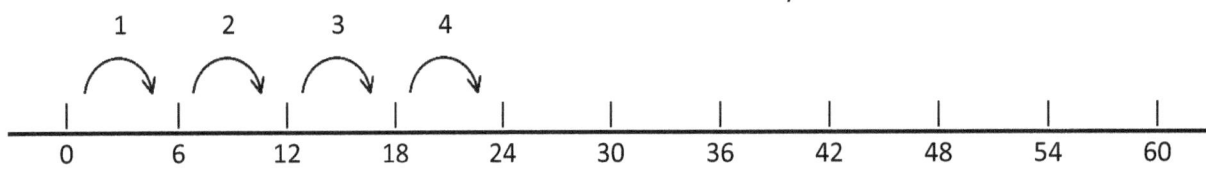

Number of pencils in a box	Number of boxes	Total Number of pencils all together
6	X 4 =	☐

Day 21: Table of 6

Date: _____

- ❖ There are 6 Pencils in a box.
- ❖ Count number of boxes.
- ❖ Then count the number of pencils all together.

5.

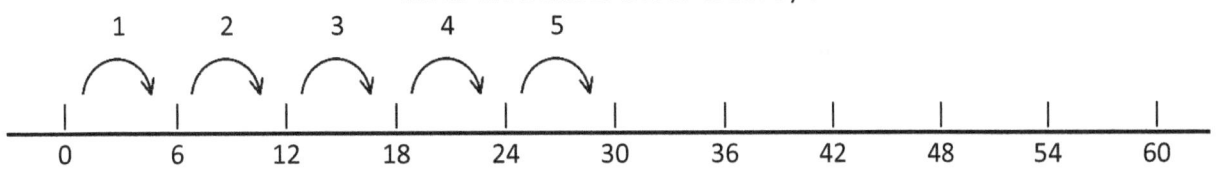

Number of pencils in a box		Number of boxes		Total Number of pencils all together
6	X	5	=	☐

6.

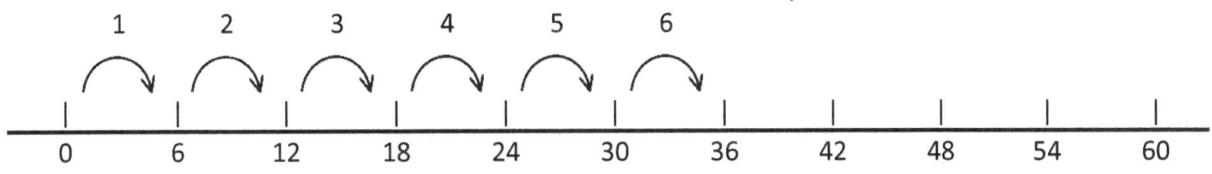

Number of pencils in a box		Number of boxes		Total Number of pencils all together
6	X	6	=	☐

Day 21: Table of 6

Date: _____

- ❖ There are 6 Pencils in a box.
- ❖ Count number of boxes.
- ❖ Then count the number of pencils all together.

7.

Let us use number line to count by 6

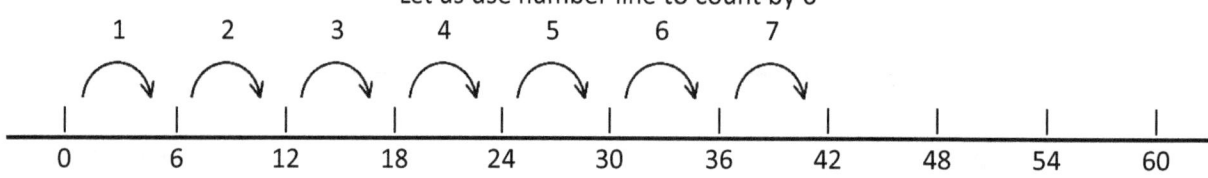

Number of pencils in a box		Number of boxes		Total Number of pencils all together
6	X	7	=	☐

8.

Let us use number line to count by 6

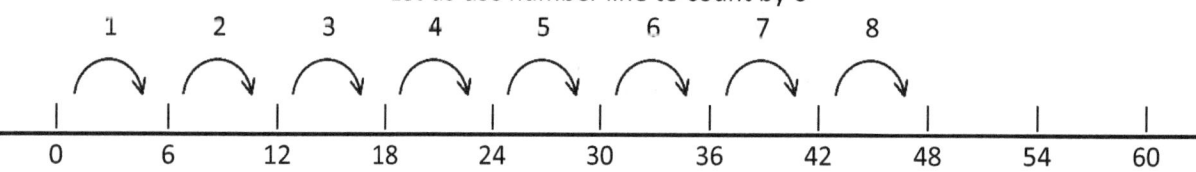

Number of pencils in a box		Number of boxes		Total Number of pencils all together
6	X	8	=	☐

Day 21: Table of 6

Date: _____

- There are 6 Pencils in a box.
- Count number of boxes.
- Then count the number of pencils all together.

9.

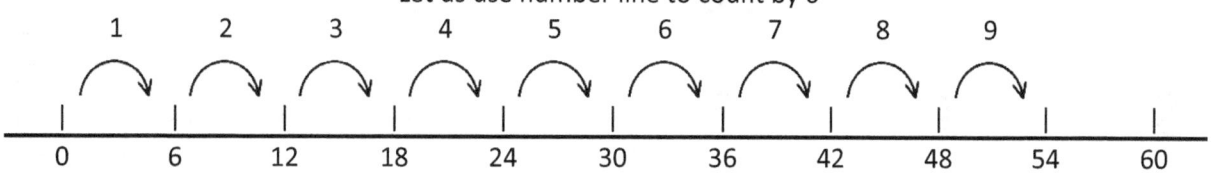

Number of pencils in a box	Number of boxes		Total Number of pencils all together
6	X 9	=	☐

10.

   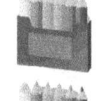 

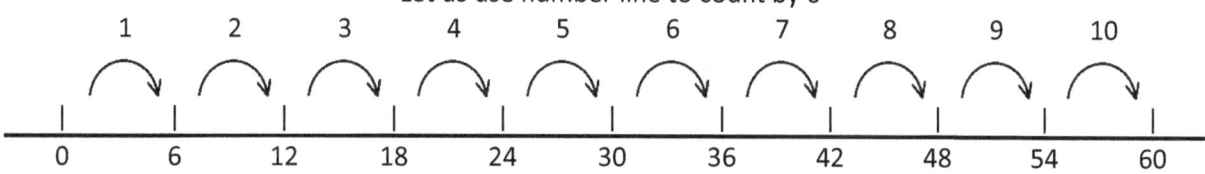

Number of pencils in a box	Number of boxes		Total Number of pencils all together
6	X 10	=	☐

Day 21: Table of 6

Date: _____

Let us rewrite this in Times Table format

6	12	18	24	30	36	42	48	54	60

6 X 1 = 6	6 X 1 = ☐
6 X 2 = 12	6 X 2 = ☐
6 X 3 = 18	6 X 3 = ☐
6 X 4 = 24	6 X 4 = ☐
6 X 5 = 30	6 X 5 = ☐
6 X 6 = 36	6 X 6 = ☐
6 X 7 = 42	6 X 7 = ☐
6 X 8 = 48	6 X 8 = ☐
6 X 9 = 54	6 X 9 = ☐
6 X 10 = 60	6 X 10 = ☐

Dear Parent,

Thank you for choosing **"FUN WITH NUMBERS: MASTER TIMES TABLES."** from Thinkpro Kids as your guide to help your kid mastering the world of multiplication. We hope they have enjoyed their journey through the workbook!

Your feedback is invaluable to us as we strive to continuously improve our products and provide the best learning experience possible. We would greatly appreciate it if you could take a few moments to share your thoughts on " **FUN WITH NUMBERS: MASTER TIMES TABLES.** " By leaving a review.

Your review helps other parents and learners like yourself make informed decisions about their educational resources. Whether you found the book engaging, easy to understand, or have suggestions for improvement, we want to hear from you!

To leave a review, simply visit the platform where you purchased the book and locate the review section. Then, share your honest thoughts and impressions about your experience with " **FUN WITH NUMBERS: MASTER TIMES TABLES."**

Thank you once again for choosing Thinkpro Learning as your partner in education. We look forward to hearing from you and continuing to support your learning journey.

Warm regards,

Thinkpro Kids Team

Day 22: Table of 6 - Practice

Date: _____

Let us practice Table of 6

| 6 | 12 | 18 | 24 | 30 | 36 | 42 | 48 | 54 | 60 |

6 X 1 = 6   6 X 1 = ☐
6 X 2 = 12   6 X 2 = ☐
6 X 3 = 18   6 X 3 = ☐
6 X 4 = 24   6 X 4 = ☐
6 X 5 = 30   6 X 5 = ☐
6 X 6 = 36   6 X 6 = ☐
6 X 7 = 42   6 X 7 = ☐
6 X 8 = 48   6 X 8 = ☐
6 X 9 = 54   6 X 9 = ☐
6 X 10 = 60   6 X 10 = ☐

Day 22: Table of 6 - Practice

Date: _____

Let us practice Table of 6

| 6 | 12 | 18 | 24 | 30 | 36 | 42 | 48 | 54 | 60 |

6 X 1 = 6   6 X 1 = ☐

6 X 2 = 12   6 X 2 = ☐

6 X 3 = 18   6 X 3 = ☐

6 X 4 = 24   6 X 4 = ☐

6 X 5 = 30   6 X 5 = ☐

6 X 6 = 36   6 X 6 = ☐

6 X 7 = 42   6 X 7 = ☐

6 X 8 = 48   6 X 8 = ☐

6 X 9 = 54   6 X 9 = ☐

6 X 10 = 60   6 X 10 = ☐

Day 22: Table of 6 - Practice

Date: _____

6	12	18	24	30	36	42	48	54	60

Let us practice Table of 6

6 X 1 = 6   6 X 1 = ☐

6 X 2 = 12   6 X 2 = ☐

6 X 3 = 18   6 X 3 = ☐

6 X 4 = 24   6 X 4 = ☐

6 X 5 = 30   6 X 5 = ☐

6 X 6 = 36   6 X 6 = ☐

6 X 7 = 42   6 X 7 = ☐

6 X 8 = 48   6 X 8 = ☐

6 X 9 = 54   6 X 9 = ☐

6 X 10 = 60   6 X 10 = ☐

Day 22: Table of 6 - Practice

Date: _____

Let us practice Table of 6

| 6 | 12 | 18 | 24 | 30 | 36 | 42 | 48 | 54 | 60 |

6 X 1 = ☐   6 X 1 = ☐

6 X 2 = ☐   6 X 2 = ☐

6 X 3 = ☐   6 X 3 = ☐

6 X 4 = ☐   6 X 4 = ☐

6 X 5 = ☐   6 X 5 = ☐

6 X 6 = ☐   6 X 6 = ☐

6 X 7 = ☐   6 X 7 = ☐

6 X 8 = ☐   6 X 8 = ☐

6 X 9 = ☐   6 X 9 = ☐

6 X 10 = ☐   6 X 10 = ☐

Day 23: Table of 6 - Practice

Date: _____

Let us practice Table of 6

| 6 | 12 | 18 | 24 | 30 | 36 | 42 | 48 | 54 | 60 |

6 X 1 = ☐   6 X 1 = ☐

6 X 2 = ☐   6 X 2 = ☐

6 X 3 = ☐   6 X 3 = ☐

6 X 4 = ☐   6 X 4 = ☐

6 X 5 = ☐   6 X 5 = ☐

6 X 6 = ☐   6 X 6 = ☐

6 X 7 = ☐   6 X 7 = ☐

6 X 8 = ☐   6 X 8 = ☐

6 X 9 = ☐   6 X 9 = ☐

6 X 10 = ☐   6 X 10 = ☐

Day 23: Table of 6 - Practice

Date: _____

Let us practice Table of 6

6	12	18	24	30	36	42	48	54	60

6 X 1 = ☐   6 X 1 = ☐

6 X 2 = ☐   6 X 2 = ☐

6 X 3 = ☐   6 X 3 = ☐

6 X 4 = ☐   6 X 4 = ☐

6 X 5 = ☐   6 X 5 = ☐

6 X 6 = ☐   6 X 6 = ☐

6 X 7 = ☐   6 X 7 = ☐

6 X 8 = ☐   6 X 8 = ☐

6 X 9 = ☐   6 X 9 = ☐

6 X 10 = ☐   6 X 10 = ☐

Day 23: Table of 6 - Practice

Date: _____

6	12	18	24	30	36	42	48	54	60

Let us practice Table of 6

6 X 1 = ☐   6 X 1 = ☐

6 X 2 = ☐   6 X 2 = ☐

6 X 3 = ☐   6 X 3 = ☐

6 X 4 = ☐   6 X 4 = ☐

6 X 5 = ☐   6 X 5 = ☐

6 X 6 = ☐   6 X 6 = ☐

6 X 7 = ☐   6 X 7 = ☐

6 X 8 = ☐   6 X 8 = ☐

6 X 9 = ☐   6 X 9 = ☐

6 X 10 = ☐   6 X 10 = ☐

Day 23: Table of 6 - Practice

Date: _____

Let us practice Table of 6

| 6 | 12 | 18 | 24 | 30 | 36 | 42 | 48 | 54 | 60 |

6 X 1 = ☐   6 X 1 = ☐

6 X 2 = ☐   6 X 2 = ☐

6 X 3 = ☐   6 X 3 = ☐

6 X 4 = ☐   6 X 4 = ☐

6 X 5 = ☐   6 X 5 = ☐

6 X 6 = ☐   6 X 6 = ☐

6 X 7 = ☐   6 X 7 = ☐

6 X 8 = ☐   6 X 8 = ☐

6 X 9 = ☐   6 X 9 = ☐

6 X 10 = ☐   6 X 10 = ☐

Day 24: Tables of 2 to 6 - Practice

Date: _____

Let us practice Tables of 2 to 5			
2 X 1 =	3 X 1 =	4 X 1 =	5 X 1 =
2 X 2 =	3 X 2 =	4 X 2 =	5 X 2 =
2 X 3 =	3 X 3 =	4 X 3 =	5 X 3 =
2 X 4 =	3 X 4 =	4 X 4 =	5 X 4 =
2 X 5 =	3 X 5 =	4 X 5 =	5 X 5 =
2 X 6 =	3 X 6 =	4 X 6 =	5 X 6 =
2 X 7 =	3 X 7 =	4 X 7 =	5 X 7 =
2 X 8 =	3 X 8 =	4 X 8 =	5 X 8 =
2 X 9 =	3 X 9 =	4 X 9 =	5 X 9 =
2 X 10 =	3 X 10 =	4 X 10 =	5 X 10 =
2 X 1 =	3 X 1 =	4 X 1 =	5 X 1 =
2 X 2 =	3 X 2 =	4 X 2 =	5 X 2 =
2 X 3 =	3 X 3 =	4 X 3 =	5 X 3 =
2 X 4 =	3 X 4 =	4 X 4 =	5 X 4 =
2 X 5 =	3 X 5 =	4 X 5 =	5 X 5 =
2 X 6 =	3 X 6 =	4 X 6 =	5 X 6 =
2 X 7 =	3 X 7 =	4 X 7 =	5 X 7 =
2 X 8 =	3 X 8 =	4 X 8 =	5 X 8 =
2 X 9 =	3 X 9 =	4 X 9 =	5 X 9 =
2 X 10 =	3 X 10 =	4 X 10 =	5 X 10 =

Day 24: Tables of 2 to 6 - Practice

Date: _____

Let us practice Table of 6

6	12	18	24	30	36	42	48	54	60

6 X 1 = ☐   6 X 1 = ☐

6 X 2 = ☐   6 X 2 = ☐

6 X 3 = ☐   6 X 3 = ☐

6 X 4 = ☐   6 X 4 = ☐

6 X 5 = ☐   6 X 5 = ☐

6 X 6 = ☐   6 X 6 = ☐

6 X 7 = ☐   6 X 7 = ☐

6 X 8 = ☐   6 X 8 = ☐

6 X 9 = ☐   6 X 9 = ☐

6 X 10 = ☐   6 X 10 = ☐

Day 24: Tables of 2 to 6 - Practice

Date: _____

Let us practice Table of 6

6	12	18	24	30	36	42	48	54	60

6 X 1 = ☐   6 X 1 = ☐

6 X 2 = ☐   6 X 2 = ☐

6 X 3 = ☐   6 X 3 = ☐

6 X 4 = ☐   6 X 4 = ☐

6 X 5 = ☐   6 X 5 = ☐

6 X 6 = ☐   6 X 6 = ☐

6 X 7 = ☐   6 X 7 = ☐

6 X 8 = ☐   6 X 8 = ☐

6 X 9 = ☐   6 X 9 = ☐

6 X 10 = ☐   6 X 10 = ☐

Day 24: Tables of 2 to 6 - Practice

Date: _____

Let us practice Table of 6

6	12	18	24	30	36	42	48	54	60

6 X 1 = ☐   6 X 1 = ☐

6 X 2 = ☐   6 X 2 = ☐

6 X 3 = ☐   6 X 3 = ☐

6 X 4 = ☐   6 X 4 = ☐

6 X 5 = ☐   6 X 5 = ☐

6 X 6 = ☐   6 X 6 = ☐

6 X 7 = ☐   6 X 7 = ☐

6 X 8 = ☐   6 X 8 = ☐

6 X 9 = ☐   6 X 9 = ☐

6 X 10 = ☐   6 X 10 = ☐

Day 25: Table of 7

Date: _____

- There are 7 bars in a Xylophone.
- Count number of Xylophones
- Then count the number of bars all together.

1.

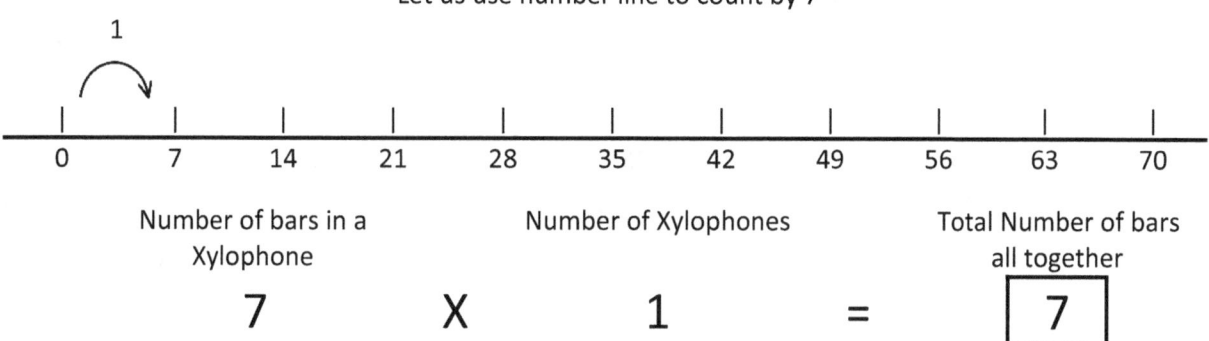

Number of bars in a Xylophone	Number of Xylophones	Total Number of bars all together
7 X	1 =	7

2.

Let us use number line to count by 7

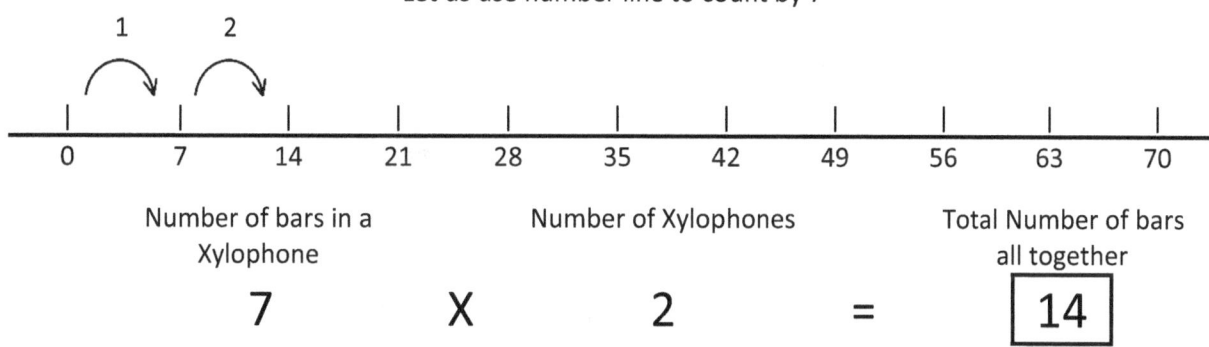

Number of bars in a Xylophone	Number of Xylophones	Total Number of bars all together
7 X	2 =	14

Day 25: Table of 7

Date: _____

- ❖ There are 7 bars in a Xylophone.
- ❖ Count number of Xylophones
- ❖ Then count the number of bars all together.

3.

Let us use number line to count by 7

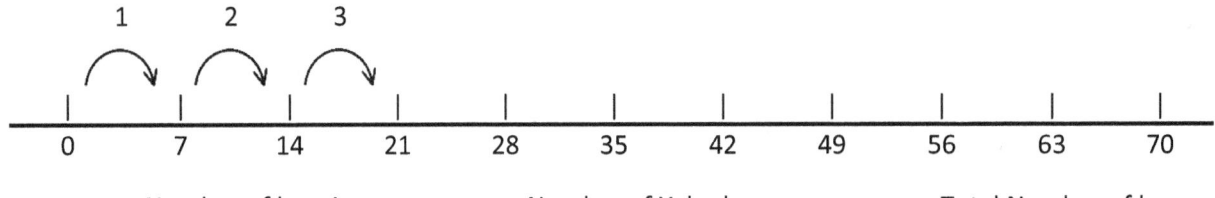

Number of bars in a Xylophone	Number of Xylophones		Total Number of bars all together
7	X 3	=	☐

4.

Let us use number line to count by 7

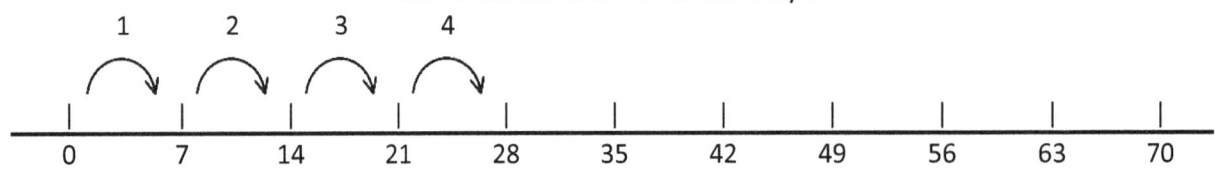

Number of bars in a Xylophone	Number of Xylophones		Total Number of bars all together
7	X 4	=	☐

Day 25: Table of 7

Date: _____

- ❖ There are 7 bars in a Xylophone.
- ❖ Count number of Xylophones
- ❖ Then count the number of bars all together.

5.

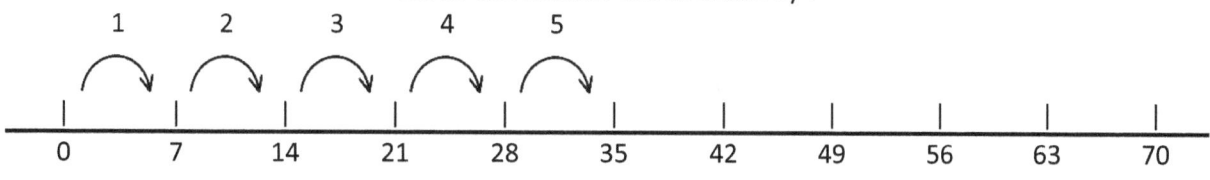

Number of bars in a Xylophone	Number of Xylophones	Total Number of bars all together
7	X 5 =	☐

6.

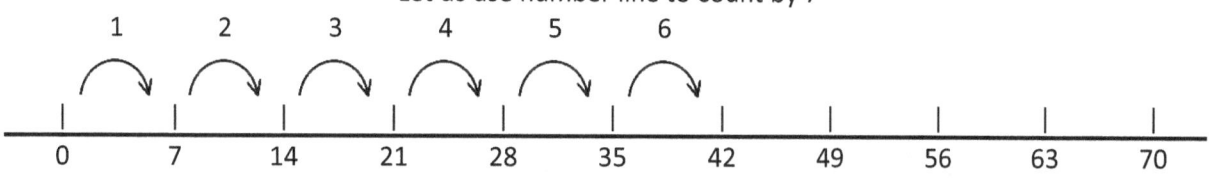

Number of bars in a Xylophone	Number of Xylophones	Total Number of bars all together
7	X 6 =	☐

Day 25: Table of 7

Date: _____

- ❖ There are 7 bars in a Xylophone.
- ❖ Count number of Xylophones
- ❖ Then count the number of bars all together.

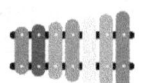

7.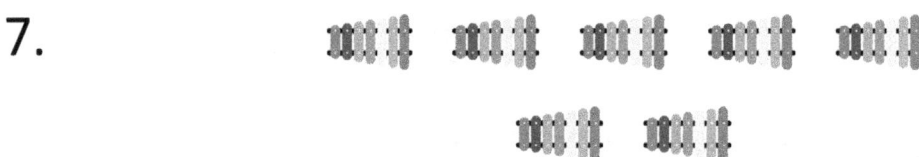

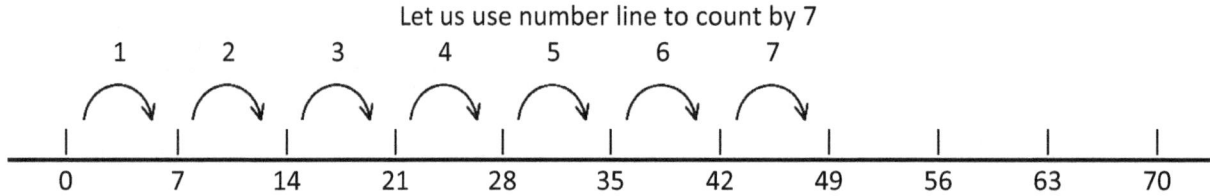

Number of bars in a Xylophone		Number of Xylophones		Total Number of bars all together
7	X	7	=	☐

8.

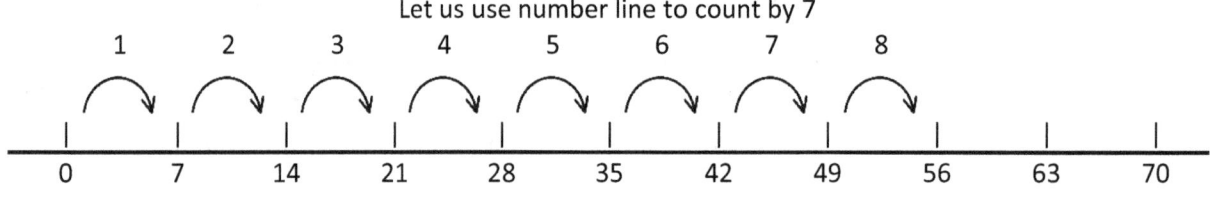

Number of bars in a Xylophone		Number of Xylophones		Total Number of bars all together
7	X	8	=	☐

Day 25: Table of 7

Date: _____

- ❖ There are 7 bars in a Xylophone.
- ❖ Count number of Xylophones
- ❖ Then count the number of bars all together.

9.

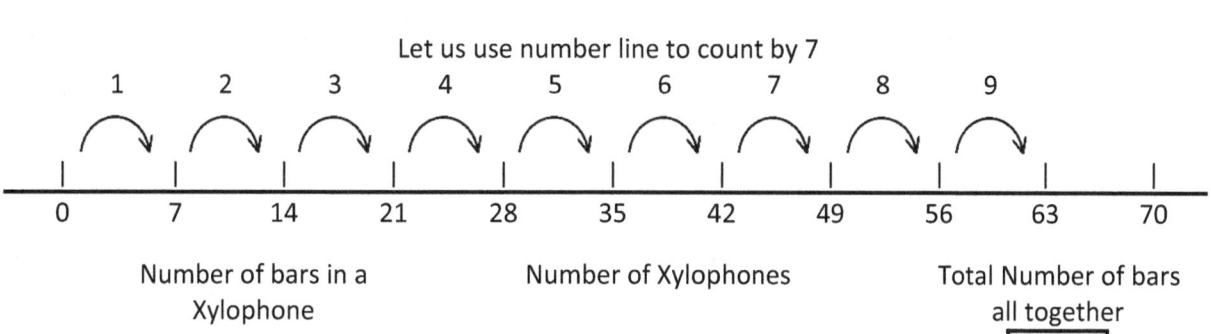

Number of bars in a Xylophone		Number of Xylophones		Total Number of bars all together
7	X	9	=	☐

10.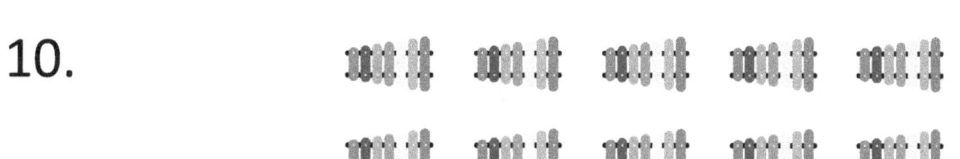

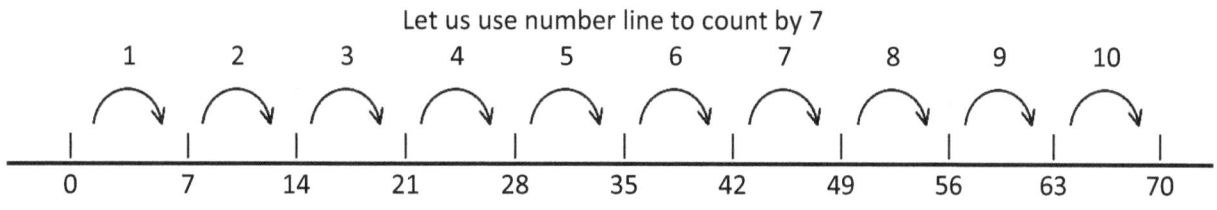

Number of bars in a Xylophone		Number of Xylophones		Total Number of bars all together
7	X	10	=	☐

Day 25: Table of 7

Date: _____

7	14	21	28	35	42	49	56	63	70

Let us rewrite this in Times Table format

7 X 1 = 7   7 X 1 = ☐

7 X 2 = 14   7 X 2 = ☐

7 X 3 = 21   7 X 3 = ☐

7 X 4 = 28   7 X 4 = ☐

7 X 5 = 35   7 X 5 = ☐

7 X 6 = 42   7 X 6 = ☐

7 X 7 = 49   7 X 7 = ☐

7 X 8 = 56   7 X 8 = ☐

7 X 9 = 63   7 X 9 = ☐

7 X 10 = 70   7 X 10 = ☐

Day 26: Table of 7 - Practice

Date: _____

7	14	21	28	35	42	49	56	63	70

Let us practice Table of 7

7 X 1 = 7   7 X 1 = ☐

7 X 2 = 14   7 X 2 = ☐

7 X 3 = 21   7 X 3 = ☐

7 X 4 = 28   7 X 4 = ☐

7 X 5 = 35   7 X 5 = ☐

7 X 6 = 42   7 X 6 = ☐

7 X 7 = 49   7 X 7 = ☐

7 X 8 = 56   7 X 8 = ☐

7 X 9 = 63   7 X 9 = ☐

7 X 10 = 70   7 X 10 = ☐

Day 26: Table of 7 - Practice

Date: _____

| 7 | 14 | 21 | 28 | 35 | 42 | 49 | 56 | 63 | 70 |

Let us practice Table of 7

7 X 1 = 7   7 X 1 = ☐
7 X 2 = 14   7 X 2 = ☐
7 X 3 = 21   7 X 3 = ☐
7 X 4 = 28   7 X 4 = ☐
7 X 5 = 35   7 X 5 = ☐
7 X 6 = 42   7 X 6 = ☐
7 X 7 = 49   7 X 7 = ☐
7 X 8 = 56   7 X 8 = ☐
7 X 9 = 63   7 X 9 = ☐
7 X 10 = 70   7 X 10 = ☐

Day 26: Table of 7 - Practice

Date: _____

Let us practice Table of 7										
7	14	21	28	35	42	49	56	63	70	

7 X 1 = 7   7 X 1 = ☐

7 X 2 = 14   7 X 2 = ☐

7 X 3 = 21   7 X 3 = ☐

7 X 4 = 28   7 X 4 = ☐

7 X 5 = 35   7 X 5 = ☐

7 X 6 = 42   7 X 6 = ☐

7 X 7 = 49   7 X 7 = ☐

7 X 8 = 56   7 X 8 = ☐

7 X 9 = 63   7 X 9 = ☐

7 X 10 = 70   7 X 10 = ☐

Day 26: Table of 7 - Practice

Date: _____

Let us practice Table of 7

| 7 | 14 | 21 | 28 | 35 | 42 | 49 | 56 | 63 | 70 |

7 X 1 = ☐   7 X 1 = ☐

7 X 2 = ☐   7 X 2 = ☐

7 X 3 = ☐   7 X 3 = ☐

7 X 4 = ☐   7 X 4 = ☐

7 X 5 = ☐   7 X 5 = ☐

7 X 6 = ☐   7 X 6 = ☐

7 X 7 = ☐   7 X 7 = ☐

7 X 8 = ☐   7 X 8 = ☐

7 X 9 = ☐   7 X 9 = ☐

7 X 10 = ☐   7 X 10 = ☐

Day 27: Table of 7 - Practice

Date: _____

Let us practice Table of 7

| 7 | 14 | 21 | 28 | 35 | 42 | 49 | 56 | 63 | 70 |

7 X 1 = ☐   7 X 1 = ☐

7 X 2 = ☐   7 X 2 = ☐

7 X 3 = ☐   7 X 3 = ☐

7 X 4 = ☐   7 X 4 = ☐

7 X 5 = ☐   7 X 5 = ☐

7 X 6 = ☐   7 X 6 = ☐

7 X 7 = ☐   7 X 7 = ☐

7 X 8 = ☐   7 X 8 = ☐

7 X 9 = ☐   7 X 9 = ☐

7 X 10 = ☐   7 X 10 = ☐

Day 27: Table of 7 - Practice

Date: _____

Let us practice Table of 7

| 7 | 14 | 21 | 28 | 35 | 42 | 49 | 56 | 63 | 70 |

7 X 1 = ☐   7 X 1 = ☐

7 X 2 = ☐   7 X 2 = ☐

7 X 3 = ☐   7 X 3 = ☐

7 X 4 = ☐   7 X 4 = ☐

7 X 5 = ☐   7 X 5 = ☐

7 X 6 = ☐   7 X 6 = ☐

7 X 7 = ☐   7 X 7 = ☐

7 X 8 = ☐   7 X 8 = ☐

7 X 9 = ☐   7 X 9 = ☐

7 X 10 = ☐   7 X 10 = ☐

Day 27: Table of 7 - Practice

Date: _____

Let us practice Table of 7

7	14	21	28	35	42	49	56	63	70

7 X 1 = ☐   7 X 1 = ☐

7 X 2 = ☐   7 X 2 = ☐

7 X 3 = ☐   7 X 3 = ☐

7 X 4 = ☐   7 X 4 = ☐

7 X 5 = ☐   7 X 5 = ☐

7 X 6 = ☐   7 X 6 = ☐

7 X 7 = ☐   7 X 7 = ☐

7 X 8 = ☐   7 X 8 = ☐

7 X 9 = ☐   7 X 9 = ☐

7 X 10 = ☐   7 X 10 = ☐

Day 27: Table of 7 - Practice

Date: _____

Let us practice Table of 7

| 7 | 14 | 21 | 28 | 35 | 42 | 49 | 56 | 63 | 70 |

7 X 1 = ☐   7 X 1 = ☐

7 X 2 = ☐   7 X 2 = ☐

7 X 3 = ☐   7 X 3 = ☐

7 X 4 = ☐   7 X 4 = ☐

7 X 5 = ☐   7 X 5 = ☐

7 X 6 = ☐   7 X 6 = ☐

7 X 7 = ☐   7 X 7 = ☐

7 X 8 = ☐   7 X 8 = ☐

7 X 9 = ☐   7 X 9 = ☐

7 X 10 = ☐   7 X 10 = ☐

Day 28: Tables of 2 to 7 - Practice

Date: _____

| Let us practice Tables of 2 to 5 |

2 X 1 =		3 X 1 =		4 X 1 =		5 X 1 =	
2 X 2 =		3 X 2 =		4 X 2 =		5 X 2 =	
2 X 3 =		3 X 3 =		4 X 3 =		5 X 3 =	
2 X 4 =		3 X 4 =		4 X 4 =		5 X 4 =	
2 X 5 =		3 X 5 =		4 X 5 =		5 X 5 =	
2 X 6 =		3 X 6 =		4 X 6 =		5 X 6 =	
2 X 7 =		3 X 7 =		4 X 7 =		5 X 7 =	
2 X 8 =		3 X 8 =		4 X 8 =		5 X 8 =	
2 X 9 =		3 X 9 =		4 X 9 =		5 X 9 =	
2 X 10 =		3 X 10 =		4 X 10 =		5 X 10 =	

---

2 X 1 =		3 X 1 =		4 X 1 =		5 X 1 =	
2 X 2 =		3 X 2 =		4 X 2 =		5 X 2 =	
2 X 3 =		3 X 3 =		4 X 3 =		5 X 3 =	
2 X 4 =		3 X 4 =		4 X 4 =		5 X 4 =	
2 X 5 =		3 X 5 =		4 X 5 =		5 X 5 =	
2 X 6 =		3 X 6 =		4 X 6 =		5 X 6 =	
2 X 7 =		3 X 7 =		4 X 7 =		5 X 7 =	
2 X 8 =		3 X 8 =		4 X 8 =		5 X 8 =	
2 X 9 =		3 X 9 =		4 X 9 =		5 X 9 =	
2 X 10 =		3 X 10 =		4 X 10 =		5 X 10 =	

Day 28: Tables of 2 to 7 - Practice

Date: _____

Let us practice Table of 6 and 7

6	12	18	24	30	36	42	48	54	60
7	14	21	28	35	42	49	56	63	70

6 X 1 = ☐   7 X 1 = ☐

6 X 2 = ☐   7 X 2 = ☐

6 X 3 = ☐   7 X 3 = ☐

6 X 4 = ☐   7 X 4 = ☐

6 X 5 = ☐   7 X 5 = ☐

6 X 6 = ☐   7 X 6 = ☐

6 X 7 = ☐   7 X 7 = ☐

6 X 8 = ☐   7 X 8 = ☐

6 X 9 = ☐   7 X 9 = ☐

6 X 10 = ☐   7 X 10 = ☐

Day 28: Tables of 2 to 7 - Practice

Date: _____

Let us practice Table of 6 and 7

6	12	18	24	30	36	42	48	54	60
7	14	21	28	35	42	49	56	63	70

6 X 1 = ☐   7 X 1 = ☐

6 X 2 = ☐   7 X 2 = ☐

6 X 3 = ☐   7 X 3 = ☐

6 X 4 = ☐   7 X 4 = ☐

6 X 5 = ☐   7 X 5 = ☐

6 X 6 = ☐   7 X 6 = ☐

6 X 7 = ☐   7 X 7 = ☐

6 X 8 = ☐   7 X 8 = ☐

6 X 9 = ☐   7 X 9 = ☐

6 X 10 = ☐   7 X 10 = ☐

Day 28: Tables of 2 to 7 - Practice

Date: _____

Let us practice Table of 6 and 7

6	12	18	24	30	36	42	48	54	60
7	14	21	28	35	42	49	56	63	70

6 X 1 = ☐   7 X 1 = ☐

6 X 2 = ☐   7 X 2 = ☐

6 X 3 = ☐   7 X 3 = ☐

6 X 4 = ☐   7 X 4 = ☐

6 X 5 = ☐   7 X 5 = ☐

6 X 6 = ☐   7 X 6 = ☐

6 X 7 = ☐   7 X 7 = ☐

6 X 8 = ☐   7 X 8 = ☐

6 X 9 = ☐   7 X 9 = ☐

6 X 10 = ☐   7 X 10 = ☐

Day 29: Tables of 2 to 7 - Practice

Date: _____

Let us practice Tables of 2 to 5

2 X 1 =	3 X 1 =	4 X 1 =	5 X 1 =
2 X 2 =	3 X 2 =	4 X 2 =	5 X 2 =
2 X 3 =	3 X 3 =	4 X 3 =	5 X 3 =
2 X 4 =	3 X 4 =	4 X 4 =	5 X 4 =
2 X 5 =	3 X 5 =	4 X 5 =	5 X 5 =
2 X 6 =	3 X 6 =	4 X 6 =	5 X 6 =
2 X 7 =	3 X 7 =	4 X 7 =	5 X 7 =
2 X 8 =	3 X 8 =	4 X 8 =	5 X 8 =
2 X 9 =	3 X 9 =	4 X 9 =	5 X 9 =
2 X 10 =	3 X 10 =	4 X 10 =	5 X 10 =
2 X 1 =	3 X 1 =	4 X 1 =	5 X 1 =
2 X 2 =	3 X 2 =	4 X 2 =	5 X 2 =
2 X 3 =	3 X 3 =	4 X 3 =	5 X 3 =
2 X 4 =	3 X 4 =	4 X 4 =	5 X 4 =
2 X 5 =	3 X 5 =	4 X 5 =	5 X 5 =
2 X 6 =	3 X 6 =	4 X 6 =	5 X 6 =
2 X 7 =	3 X 7 =	4 X 7 =	5 X 7 =
2 X 8 =	3 X 8 =	4 X 8 =	5 X 8 =
2 X 9 =	3 X 9 =	4 X 9 =	5 X 9 =
2 X 10 =	3 X 10 =	4 X 10 =	5 X 10 =

Day 29: Tables of 2 to 7 - Practice

Date: _____

| Let us practice Table of 6 and 7 |

6 X 1 = ☐   7 X 1 = ☐

6 X 2 = ☐   7 X 2 = ☐

6 X 3 = ☐   7 X 3 = ☐

6 X 4 = ☐   7 X 4 = ☐

6 X 5 = ☐   7 X 5 = ☐

6 X 6 = ☐   7 X 6 = ☐

6 X 7 = ☐   7 X 7 = ☐

6 X 8 = ☐   7 X 8 = ☐

6 X 9 = ☐   7 X 9 = ☐

6 X 10 = ☐   7 X 10 = ☐

Day 29: Tables of 2 to 7 - Practice

Date: _____

Let us practice Table of 6 and 7

6 X 1 = ☐   7 X 1 = ☐

6 X 2 = ☐   7 X 2 = ☐

6 X 3 = ☐   7 X 3 = ☐

6 X 4 = ☐   7 X 4 = ☐

6 X 5 = ☐   7 X 5 = ☐

6 X 6 = ☐   7 X 6 = ☐

6 X 7 = ☐   7 X 7 = ☐

6 X 8 = ☐   7 X 8 = ☐

6 X 9 = ☐   7 X 9 = ☐

6 X 10 = ☐   7 X 10 = ☐

Day 29: Tables of 2 to 7 - Practice

Date: _____

| Let us practice Table of 6 and 7 |

6 X 1 = ☐   7 X 1 = ☐

6 X 2 = ☐   7 X 2 = ☐

6 X 3 = ☐   7 X 3 = ☐

6 X 4 = ☐   7 X 4 = ☐

6 X 5 = ☐   7 X 5 = ☐

6 X 6 = ☐   7 X 6 = ☐

6 X 7 = ☐   7 X 7 = ☐

6 X 8 = ☐   7 X 8 = ☐

6 X 9 = ☐   7 X 9 = ☐

6 X 10 = ☐   7 X 10 = ☐

Day 30: Tables of 2 to 7 - Practice

Date: _____

Let us practice Tables of 2 to 7

2 X 1 =	3 X 1 =	4 X 1 =	5 X 1 =
2 X 2 =	3 X 2 =	4 X 2 =	5 X 2 =
2 X 3 =	3 X 3 =	4 X 3 =	5 X 3 =
2 X 4 =	3 X 4 =	4 X 4 =	5 X 4 =
2 X 5 =	3 X 5 =	4 X 5 =	5 X 5 =
2 X 6 =	3 X 6 =	4 X 6 =	5 X 6 =
2 X 7 =	3 X 7 =	4 X 7 =	5 X 7 =
2 X 8 =	3 X 8 =	4 X 8 =	5 X 8 =
2 X 9 =	3 X 9 =	4 X 9 =	5 X 9 =
2 X 10 =	3 X 10 =	4 X 10 =	5 X 10 =

6 X 1 =	7 X 1 =	6 X 1 =	7 X 1 =
6 X 2 =	7 X 2 =	6 X 2 =	7 X 2 =
6 X 3 =	7 X 3 =	6 X 3 =	7 X 3 =
6 X 4 =	7 X 4 =	6 X 4 =	7 X 4 =
6 X 5 =	7 X 5 =	6 X 5 =	7 X 5 =
6 X 6 =	7 X 6 =	6 X 6 =	7 X 6 =
6 X 7 =	7 X 7 =	6 X 7 =	7 X 7 =
6 X 8 =	7 X 8 =	6 X 8 =	7 X 8 =
6 X 9 =	7 X 9 =	6 X 9 =	7 X 9 =
6 X 10 =	7 X 10 =	6 X 10 =	7 X 10 =

Day 30: Tables of 2 to 7 - Practice

Date: _____

Let us practice Tables of 2 to 7

2 X 1 =	3 X 1 =	4 X 1 =	5 X 1 =
2 X 2 =	3 X 2 =	4 X 2 =	5 X 2 =
2 X 3 =	3 X 3 =	4 X 3 =	5 X 3 =
2 X 4 =	3 X 4 =	4 X 4 =	5 X 4 =
2 X 5 =	3 X 5 =	4 X 5 =	5 X 5 =
2 X 6 =	3 X 6 =	4 X 6 =	5 X 6 =
2 X 7 =	3 X 7 =	4 X 7 =	5 X 7 =
2 X 8 =	3 X 8 =	4 X 8 =	5 X 8 =
2 X 9 =	3 X 9 =	4 X 9 =	5 X 9 =
2 X 10 =	3 X 10 =	4 X 10 =	5 X 10 =

6 X 1 =	7 X 1 =	6 X 1 =	7 X 1 =
6 X 2 =	7 X 2 =	6 X 2 =	7 X 2 =
6 X 3 =	7 X 3 =	6 X 3 =	7 X 3 =
6 X 4 =	7 X 4 =	6 X 4 =	7 X 4 =
6 X 5 =	7 X 5 =	6 X 5 =	7 X 5 =
6 X 6 =	7 X 6 =	6 X 6 =	7 X 6 =
6 X 7 =	7 X 7 =	6 X 7 =	7 X 7 =
6 X 8 =	7 X 8 =	6 X 8 =	7 X 8 =
6 X 9 =	7 X 9 =	6 X 9 =	7 X 9 =
6 X 10 =	7 X 10 =	6 X 10 =	7 X 10 =

Day 31: Table of 8

Date: _____

- ❖ There are 8 books in a box.
- ❖ Count number of boxes
- ❖ Then count the number of books all together.

1.

Let us use number line to count by 8

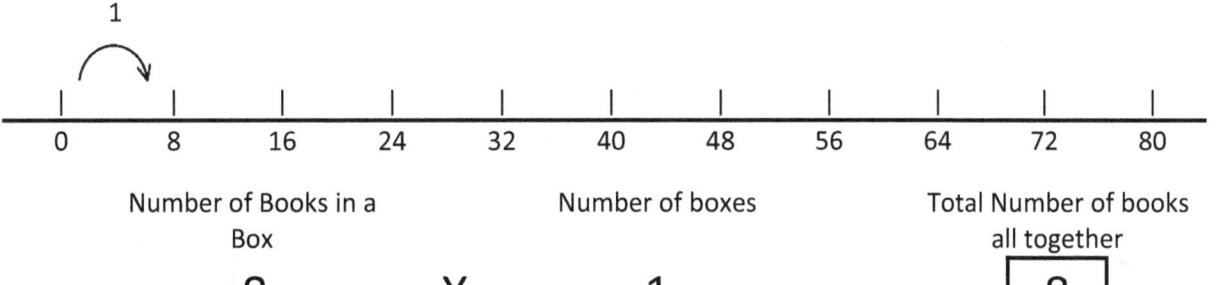

Number of Books in a Box		Number of boxes		Total Number of books all together
8	X	1	=	8

2.

Let us use number line to count by 8

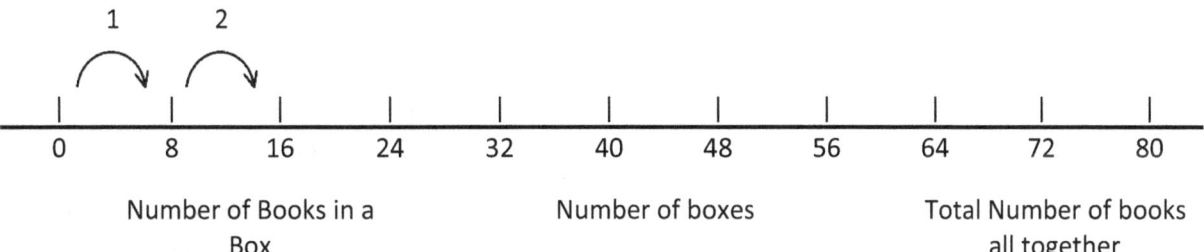

Number of Books in a Box		Number of boxes		Total Number of books all together
8	X	2	=	16

Day 31: Table of 8

Date: _____

- ❖ There are 8 books in a box.
- ❖ Count number of boxes
- ❖ Then count the number of books all together.

3.

Let us use number line to count by 8

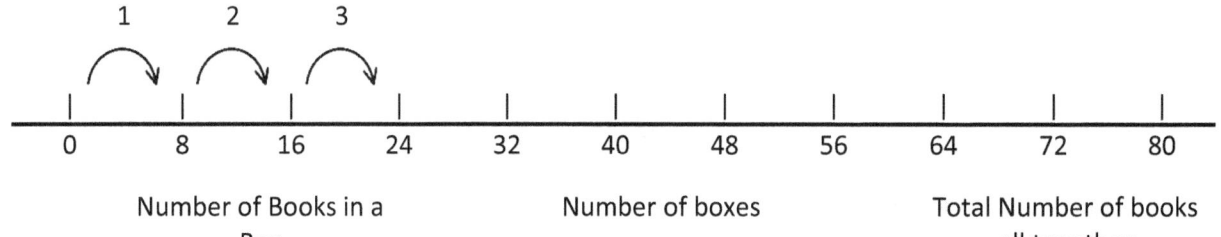

Number of Books in a Box   Number of boxes   Total Number of books all together

8   X   3   =   ☐

4.

Let us use number line to count by 8

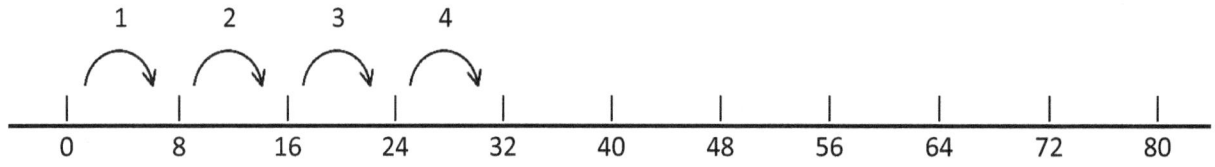

Number of Books in a Box   Number of boxes   Total Number of books all together

8   X   4   =   ☐

Day 31: Table of 8

Date: _____

- ❖ There are 8 books in a box.
- ❖ Count number of boxes
- ❖ Then count the number of books all together.

5.

Let us use number line to count by 8

```
    1    2    3    4    5
   ↷    ↷    ↷    ↷    ↷
|----|----|----|----|----|----|----|----|----|----|----|
0    8   16   24   32   40   48   56   64   72   80
```

Number of Books in a Box   Number of boxes   Total Number of books all together

8   X   5   =   ☐

6.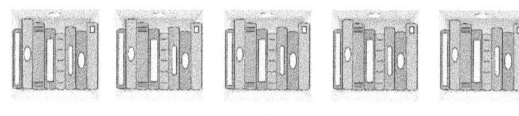

Let us use number line to count by 8

```
    1    2    3    4    5    6
   ↷    ↷    ↷    ↷    ↷    ↷
|----|----|----|----|----|----|----|----|----|----|----|
0    8   16   24   32   40   48   56   64   72   80
```

Number of Books in a Box   Number of boxes   Total Number of books all together

8   X   6   =   ☐

Day 31: Table of 8

Date: _____

- ❖ There are 8 books in a box.
- ❖ Count number of boxes
- ❖ Then count the number of books all together.

7.

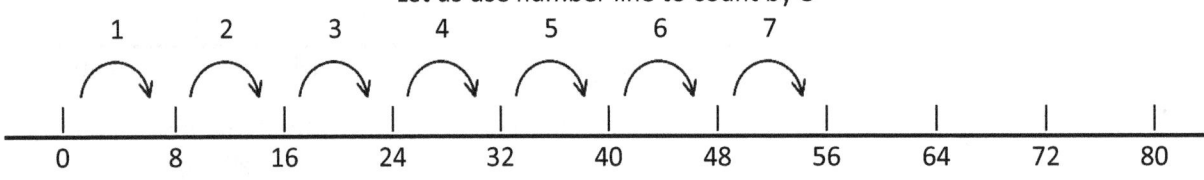

Let us use number line to count by 8

Number of Books in a Box		Number of boxes		Total Number of books all together
8	X	7	=	☐

8.

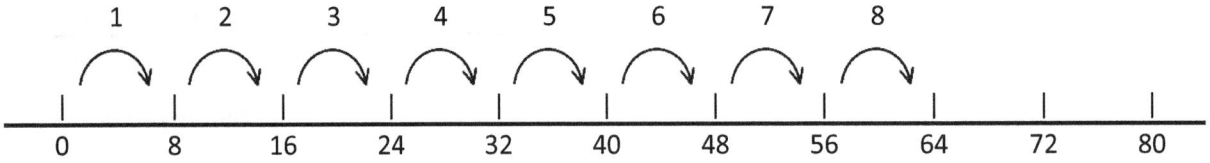

Let us use number line to count by 8

Number of Books in a Box		Number of boxes		Total Number of books all together
8	X	8	=	☐

Day 31: Table of 8

Date: _____

- There are 8 books in a box.
- Count number of boxes
- Then count the number of books all together.

9.

Let us use number line to count by 8

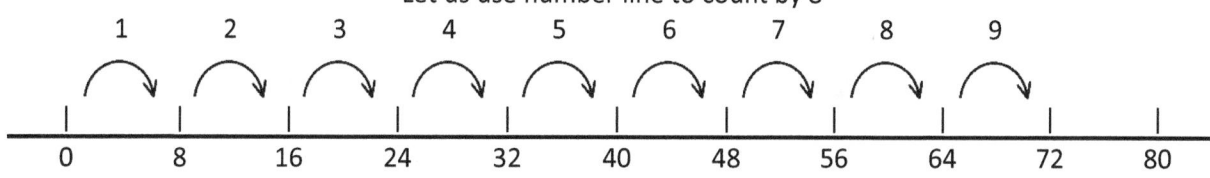

Number of Books in a Box		Number of boxes		Total Number of books all together
8	X	9	=	☐

10.

Let us use number line to count by 8

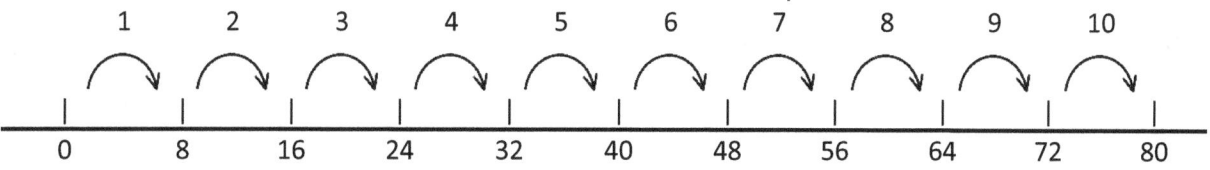

Number of Books in a Box		Number of boxes		Total Number of books all together
8	X	10	=	☐

Day 31: Table of 8

Date: _____

Let us rewrite this in Times Table format

8	16	24	32	40	48	56	64	72	80

8 X 1 = 8   8 X 1 = ☐

8 X 2 = 16   8 X 2 = ☐

8 X 3 = 24   8 X 3 = ☐

8 X 4 = 32   8 X 4 = ☐

8 X 5 = 40   8 X 5 = ☐

8 X 6 = 48   8 X 6 = ☐

8 X 7 = 56   8 X 7 = ☐

8 X 8 = 64   8 X 8 = ☐

8 X 9 = 72   8 X 9 = ☐

8 X 10 = 80   8 X 10 = ☐

Day 32: Table of 8

Date: _____

| | | Let us practice Table of 8 | | | | | | | |

8	16	24	32	40	48	56	64	72	80

8 X 1 = 8   8 X 1 = ☐

8 X 2 = 16   8 X 2 = ☐

8 X 3 = 24   8 X 3 = ☐

8 X 4 = 32   8 X 4 = ☐

8 X 5 = 40   8 X 5 = ☐

8 X 6 = 48   8 X 6 = ☐

8 X 7 = 56   8 X 7 = ☐

8 X 8 = 64   8 X 8 = ☐

8 X 9 = 72   8 X 9 = ☐

8 X 10 = 80   8 X 10 = ☐

Day 32: Table of 8

Date: _____

Let us practice Table of 8

8	16	24	32	40	48	56	64	72	80

8 X 1 = 8   8 X 1 = ☐

8 X 2 = 16   8 X 2 = ☐

8 X 3 = 24   8 X 3 = ☐

8 X 4 = 32   8 X 4 = ☐

8 X 5 = 40   8 X 5 = ☐

8 X 6 = 48   8 X 6 = ☐

8 X 7 = 56   8 X 7 = ☐

8 X 8 = 64   8 X 8 = ☐

8 X 9 = 72   8 X 9 = ☐

8 X 10 = 80   8 X 10 = ☐

Day 32: Table of 8

Date: _____

Let us practice Table of 8									
8	16	24	32	40	48	56	64	72	80

8 X 1 = 8	8 X 1 = ☐
8 X 2 = 16	8 X 2 = ☐
8 X 3 = 24	8 X 3 = ☐
8 X 4 = 32	8 X 4 = ☐
8 X 5 = 40	8 X 5 = ☐
8 X 6 = 48	8 X 6 = ☐
8 X 7 = 56	8 X 7 = ☐
8 X 8 = 64	8 X 8 = ☐
8 X 9 = 72	8 X 9 = ☐
8 X 10 = 80	8 X 10 = ☐

Day 32: Table of 8

Date: _____

Let us practice Table of 8

| 8 | 16 | 24 | 32 | 40 | 48 | 56 | 64 | 72 | 80 |

8 X 1 = ☐   8 X 1 = ☐

8 X 2 = ☐   8 X 2 = ☐

8 X 3 = ☐   8 X 3 = ☐

8 X 4 = ☐   8 X 4 = ☐

8 X 5 = ☐   8 X 5 = ☐

8 X 6 = ☐   8 X 6 = ☐

8 X 7 = ☐   8 X 7 = ☐

8 X 8 = ☐   8 X 8 = ☐

8 X 9 = ☐   8 X 9 = ☐

8 X 10 = ☐   8 X 10 = ☐

Day 33: Table of 8

Date: _____

	Let us practice Table of 8	

8	16	24	32	40	48	56	64	72	80

8 X 1 = ☐   8 X 1 = ☐

8 X 2 = ☐   8 X 2 = ☐

8 X 3 = ☐   8 X 3 = ☐

8 X 4 = ☐   8 X 4 = ☐

8 X 5 = ☐   8 X 5 = ☐

8 X 6 = ☐   8 X 6 = ☐

8 X 7 = ☐   8 X 7 = ☐

8 X 8 = ☐   8 X 8 = ☐

8 X 9 = ☐   8 X 9 = ☐

8 X 10 = ☐   8 X 10 = ☐

Day 33: Table of 8

Date: _____

Let us practice Table of 8

8	16	24	32	40	48	56	64	72	80

8 X 1 = ☐   8 X 1 = ☐

8 X 2 = ☐   8 X 2 = ☐

8 X 3 = ☐   8 X 3 = ☐

8 X 4 = ☐   8 X 4 = ☐

8 X 5 = ☐   8 X 5 = ☐

8 X 6 = ☐   8 X 6 = ☐

8 X 7 = ☐   8 X 7 = ☐

8 X 8 = ☐   8 X 8 = ☐

8 X 9 = ☐   8 X 9 = ☐

8 X 10 = ☐   8 X 10 = ☐

Day 33: Table of 8

Date: _____

Let us practice Table of 8

| 8 | 16 | 24 | 32 | 40 | 48 | 56 | 64 | 72 | 80 |

8 X 1 = ☐   8 X 1 = ☐

8 X 2 = ☐   8 X 2 = ☐

8 X 3 = ☐   8 X 3 = ☐

8 X 4 = ☐   8 X 4 = ☐

8 X 5 = ☐   8 X 5 = ☐

8 X 6 = ☐   8 X 6 = ☐

8 X 7 = ☐   8 X 7 = ☐

8 X 8 = ☐   8 X 8 = ☐

8 X 9 = ☐   8 X 9 = ☐

8 X 10 = ☐   8 X 10 = ☐

Day 33: Table of 8

Date: _____

Let us practice Table of 8										
8	16	24	32	40	48	56	64	72	80

8 X 1 = ☐   8 X 1 = ☐

8 X 2 = ☐   8 X 2 = ☐

8 X 3 = ☐   8 X 3 = ☐

8 X 4 = ☐   8 X 4 = ☐

8 X 5 = ☐   8 X 5 = ☐

8 X 6 = ☐   8 X 6 = ☐

8 X 7 = ☐   8 X 7 = ☐

8 X 8 = ☐   8 X 8 = ☐

8 X 9 = ☐   8 X 9 = ☐

8 X 10 = ☐   8 X 10 = ☐

Day 34: Tables of 2 to 8 - Practice

Date: _____

Let us practice Tables of 2 to 7

2 X 1 =	3 X 1 =	4 X 1 =	5 X 1 =
2 X 2 =	3 X 2 =	4 X 2 =	5 X 2 =
2 X 3 =	3 X 3 =	4 X 3 =	5 X 3 =
2 X 4 =	3 X 4 =	4 X 4 =	5 X 4 =
2 X 5 =	3 X 5 =	4 X 5 =	5 X 5 =
2 X 6 =	3 X 6 =	4 X 6 =	5 X 6 =
2 X 7 =	3 X 7 =	4 X 7 =	5 X 7 =
2 X 8 =	3 X 8 =	4 X 8 =	5 X 8 =
2 X 9 =	3 X 9 =	4 X 9 =	5 X 9 =
2 X 10 =	3 X 10 =	4 X 10 =	5 X 10 =
6 X 1 =	7 X 1 =	6 X 1 =	7 X 1 =
6 X 2 =	7 X 2 =	6 X 2 =	7 X 2 =
6 X 3 =	7 X 3 =	6 X 3 =	7 X 3 =
6 X 4 =	7 X 4 =	6 X 4 =	7 X 4 =
6 X 5 =	7 X 5 =	6 X 5 =	7 X 5 =
6 X 6 =	7 X 6 =	6 X 6 =	7 X 6 =
6 X 7 =	7 X 7 =	6 X 7 =	7 X 7 =
6 X 8 =	7 X 8 =	6 X 8 =	7 X 8 =
6 X 9 =	7 X 9 =	6 X 9 =	7 X 9 =
6 X 10 =	7 X 10 =	6 X 10 =	7 X 10 =

Day 34: Tables of 2 to 8 - Practice

Date: _____

Let us practice Table of 8

| 8 | 16 | 24 | 32 | 40 | 48 | 56 | 64 | 72 | 80 |

8 X 1 = ☐   8 X 1 = ☐

8 X 2 = ☐   8 X 2 = ☐

8 X 3 = ☐   8 X 3 = ☐

8 X 4 = ☐   8 X 4 = ☐

8 X 5 = ☐   8 X 5 = ☐

8 X 6 = ☐   8 X 6 = ☐

8 X 7 = ☐   8 X 7 = ☐

8 X 8 = ☐   8 X 8 = ☐

8 X 9 = ☐   8 X 9 = ☐

8 X 10 = ☐   8 X 10 = ☐

Day 34: Tables of 2 to 8 - Practice

Date: _____

Let us practice Tables of 2 to 7

2 X 1 = ☐	3 X 1 = ☐	4 X 1 = ☐	5 X 1 = ☐
2 X 2 = ☐	3 X 2 = ☐	4 X 2 = ☐	5 X 2 = ☐
2 X 3 = ☐	3 X 3 = ☐	4 X 3 = ☐	5 X 3 = ☐
2 X 4 = ☐	3 X 4 = ☐	4 X 4 = ☐	5 X 4 = ☐
2 X 5 = ☐	3 X 5 = ☐	4 X 5 = ☐	5 X 5 = ☐
2 X 6 = ☐	3 X 6 = ☐	4 X 6 = ☐	5 X 6 = ☐
2 X 7 = ☐	3 X 7 = ☐	4 X 7 = ☐	5 X 7 = ☐
2 X 8 = ☐	3 X 8 = ☐	4 X 8 = ☐	5 X 8 = ☐
2 X 9 = ☐	3 X 9 = ☐	4 X 9 = ☐	5 X 9 = ☐
2 X 10 = ☐	3 X 10 = ☐	4 X 10 = ☐	5 X 10 = ☐
6 X 1 = ☐	7 X 1 = ☐	6 X 1 = ☐	7 X 1 = ☐
6 X 2 = ☐	7 X 2 = ☐	6 X 2 = ☐	7 X 2 = ☐
6 X 3 = ☐	7 X 3 = ☐	6 X 3 = ☐	7 X 3 = ☐
6 X 4 = ☐	7 X 4 = ☐	6 X 4 = ☐	7 X 4 = ☐
6 X 5 = ☐	7 X 5 = ☐	6 X 5 = ☐	7 X 5 = ☐
6 X 6 = ☐	7 X 6 = ☐	6 X 6 = ☐	7 X 6 = ☐
6 X 7 = ☐	7 X 7 = ☐	6 X 7 = ☐	7 X 7 = ☐
6 X 8 = ☐	7 X 8 = ☐	6 X 8 = ☐	7 X 8 = ☐
6 X 9 = ☐	7 X 9 = ☐	6 X 9 = ☐	7 X 9 = ☐
6 X 10 = ☐	7 X 10 = ☐	6 X 10 = ☐	7 X 10 = ☐

Day 34: Tables of 2 to 8 - Practice

Date: _____

Let us practice Table of 8

| 8 | 16 | 24 | 32 | 40 | 48 | 56 | 64 | 72 | 80 |

8 X 1 = ☐   8 X 1 = ☐

8 X 2 = ☐   8 X 2 = ☐

8 X 3 = ☐   8 X 3 = ☐

8 X 4 = ☐   8 X 4 = ☐

8 X 5 = ☐   8 X 5 = ☐

8 X 6 = ☐   8 X 6 = ☐

8 X 7 = ☐   8 X 7 = ☐

8 X 8 = ☐   8 X 8 = ☐

8 X 9 = ☐   8 X 9 = ☐

8 X 10 = ☐   8 X 10 = ☐

Day 35: Table of 9

Date: _____

- There are 9 Puzzles pieces in a Jig-Saw Puzzle
- Count number of Jig-Saw Puzzles
- Then count the number of puzzle pieces all together.

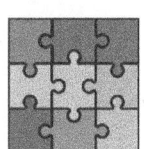

1.

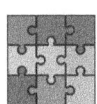

Let us use number line to count by 9

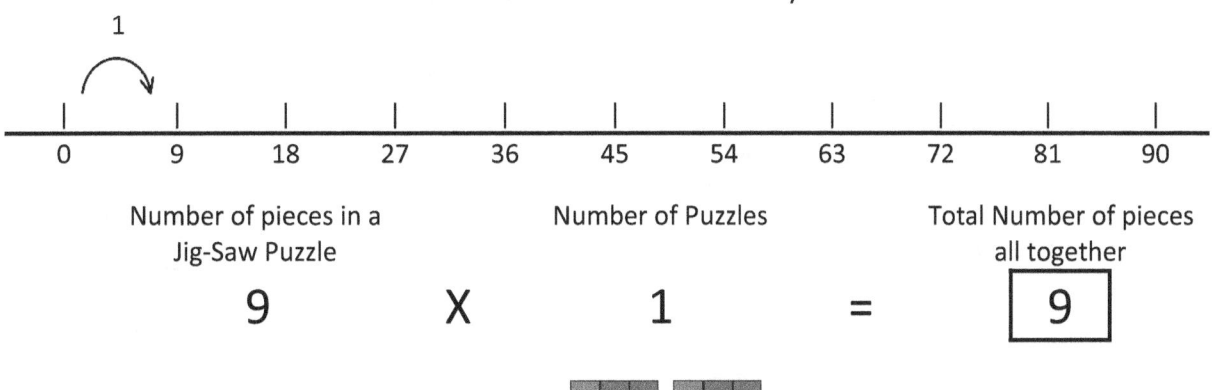

Number of pieces in a Jig-Saw Puzzle		Number of Puzzles		Total Number of pieces all together
9	X	1	=	9

2.

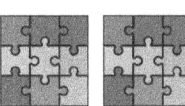

Let us use number line to count by 9

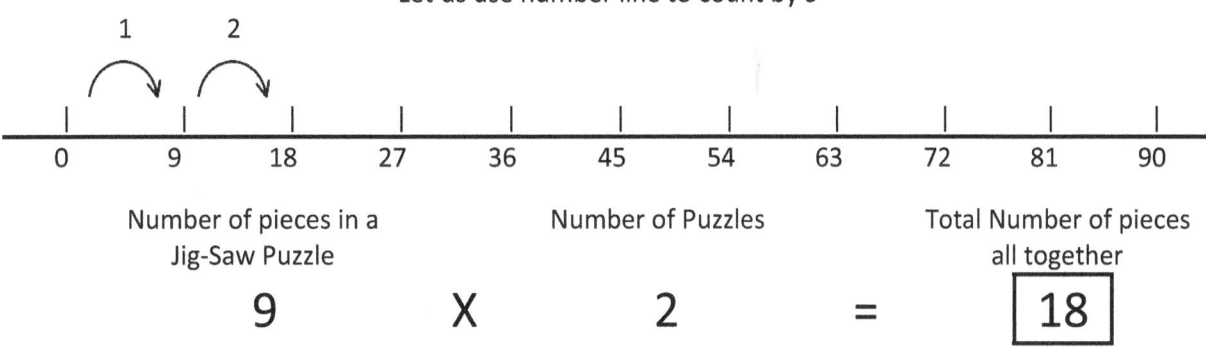

Number of pieces in a Jig-Saw Puzzle		Number of Puzzles		Total Number of pieces all together
9	X	2	=	18

Day 35: Table of 9

Date: _____

- ❖ There are 9 Puzzles pieces in a Jig-Saw Puzzle
- ❖ Count number of Jig-Saw Puzzles
- ❖ Then count the number of puzzle pieces all together.

3.

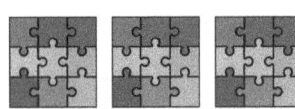

Let us use number line to count by 9

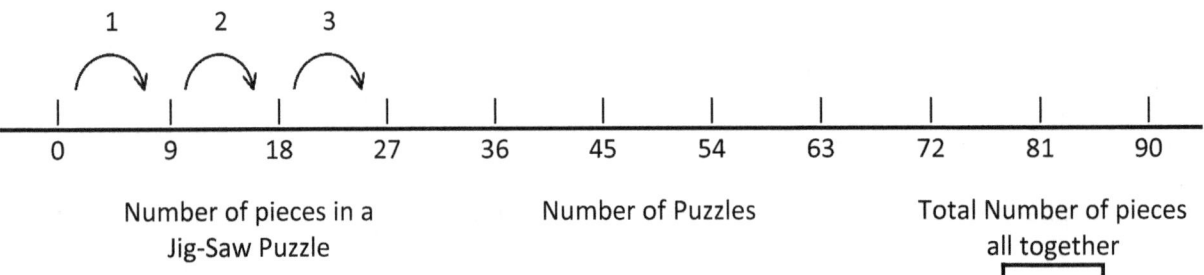

| Number of pieces in a Jig-Saw Puzzle | Number of Puzzles | Total Number of pieces all together |

9   X   3   =   ☐

4.

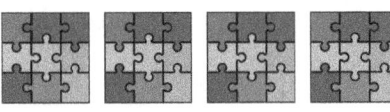

Let us use number line to count by 9

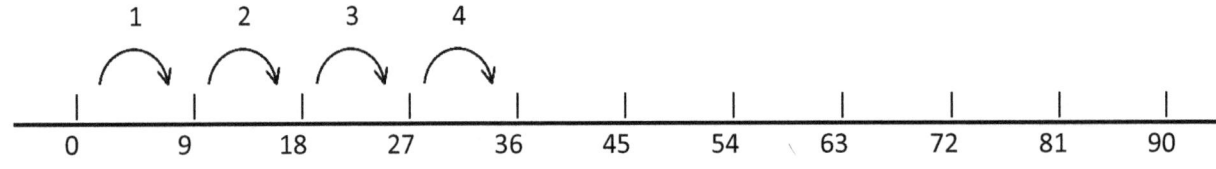

| Number of pieces in a Jig-Saw Puzzle | Number of Puzzles | Total Number of pieces all together |

9   X   4   =   ☐

Day 35: Table of 9

Date: _____

- There are 9 Puzzles pieces in a Jig-Saw Puzzle
- Count number of Jig-Saw Puzzles
- Then count the number of puzzle pieces all together.

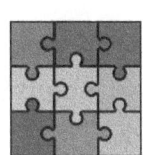

5.

Let us use number line to count by 9

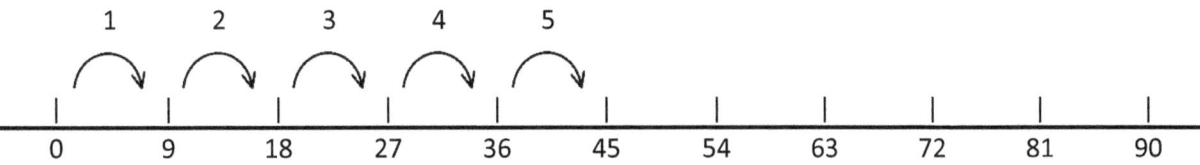

Number of pieces in a Jig-Saw Puzzle		Number of Puzzles		Total Number of pieces all together
9	X	5	=	☐

6.

Let us use number line to count by 9

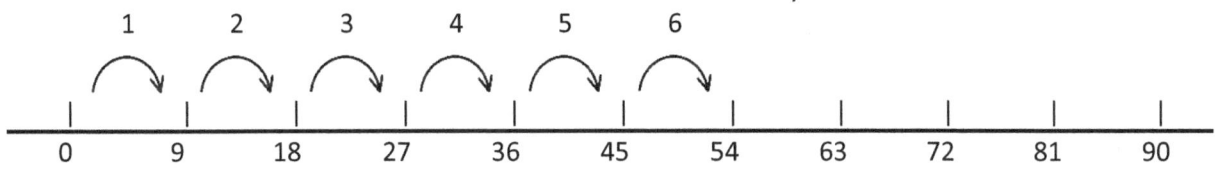

Number of pieces in a Jig-Saw Puzzle		Number of Puzzles		Total Number of pieces all together
9	X	6	=	☐

Day 35: Table of 9

- There are 9 Puzzles pieces in a Jig-Saw Puzzle
- Count number of Jig-Saw Puzzles
- Then count the number of puzzle pieces all together.

Date: _____

7.

Let us use number line to count by 9

Number of pieces in a Jig-Saw Puzzle	Number of Puzzles	Total Number of pieces all together
9	X 7	= ☐

8.

Let us use number line to count by 9

Number of pieces in a Jig-Saw Puzzle	Number of Puzzles	Total Number of pieces all together
9	X 8	= ☐

Day 35: Table of 9

Date: _____

- ❖ There are 9 Puzzles pieces in a Jig-Saw Puzzle
- ❖ Count number of Jig-Saw Puzzles
- ❖ Then count the number of puzzle pieces all together.

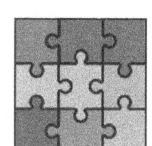

9.

Let us use number line to count by 9

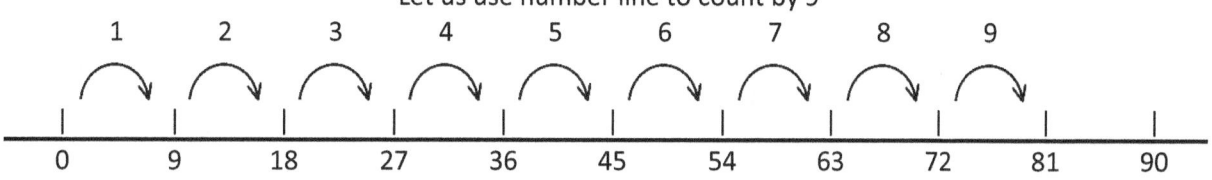

Number of pieces in a Jig-Saw Puzzle	Number of Puzzles	Total Number of pieces all together
9 X	9 =	☐

10.

Let us use number line to count by 9

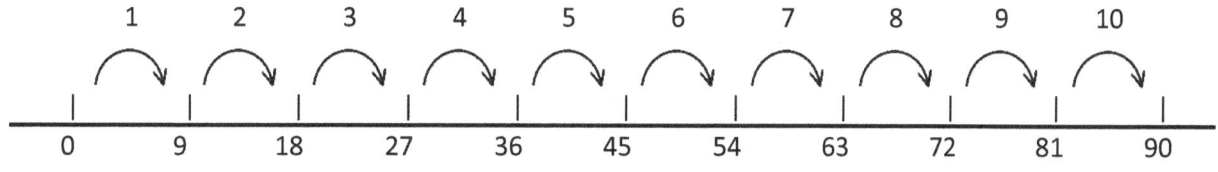

Number of pieces in a Jig-Saw Puzzle	Number of Puzzles	Total Number of pieces all together
9 X	10 =	☐

Day 35: Table of 9

Date: _____

Let us rewrite this in Times Table format

9	18	27	36	45	54	63	72	81	90

9 X 1 = 9   9 X 1 = ☐

9 X 2 = 18   9 X 2 = ☐

9 X 3 = 27   9 X 3 = ☐

9 X 4 = 36   9 X 4 = ☐

9 X 5 = 45   9 X 5 = ☐

9 X 6 = 54   9 X 6 = ☐

9 X 7 = 63   9 X 7 = ☐

9 X 8 = 72   9 X 8 = ☐

9 X 9 = 81   9 X 9 = ☐

9 X 10 = 90   9 X 10 = ☐

Day 36: Table of 9 - Practice

Date: _____

Let us practice Table of 9

| 9 | 18 | 27 | 36 | 45 | 54 | 63 | 72 | 81 | 90 |

9 X 1 = 9   9 X 1 = ☐
9 X 2 = 18   9 X 2 = ☐
9 X 3 = 27   9 X 3 = ☐
9 X 4 = 36   9 X 4 = ☐
9 X 5 = 45   9 X 5 = ☐
9 X 6 = 54   9 X 6 = ☐
9 X 7 = 63   9 X 7 = ☐
9 X 8 = 72   9 X 8 = ☐
9 X 9 = 81   9 X 9 = ☐
9 X 10 = 90   9 X 10 = ☐

Day 36: Table of 9 - Practice

Date: _____

Let us practice Table of 9

9	18	27	36	45	54	63	72	81	90

9 X 1 = 9   9 X 1 = ☐

9 X 2 = 18   9 X 2 = ☐

9 X 3 = 27   9 X 3 = ☐

9 X 4 = 36   9 X 4 = ☐

9 X 5 = 45   9 X 5 = ☐

9 X 6 = 54   9 X 6 = ☐

9 X 7 = 63   9 X 7 = ☐

9 X 8 = 72   9 X 8 = ☐

9 X 9 = 81   9 X 9 = ☐

9 X 10 = 90   9 X 10 = ☐

Day 36: Table of 9 - Practice

Date: _____

Let us practice Table of 9

9	18	27	36	45	54	63	72	81	90

9 X 1 = 9   9 X 1 = ☐

9 X 2 = 18   9 X 2 = ☐

9 X 3 = 27   9 X 3 = ☐

9 X 4 = 36   9 X 4 = ☐

9 X 5 = 45   9 X 5 = ☐

9 X 6 = 54   9 X 6 = ☐

9 X 7 = 63   9 X 7 = ☐

9 X 8 = 72   9 X 8 = ☐

9 X 9 = 81   9 X 9 = ☐

9 X 10 = 90   9 X 10 = ☐

Day 36: Table of 9 - Practice

Date: _____

Let us practice Table of 9

| 9 | 18 | 27 | 36 | 45 | 54 | 63 | 72 | 81 | 90 |

9 X 1 = ☐   9 X 1 = ☐

9 X 2 = ☐   9 X 2 = ☐

9 X 3 = ☐   9 X 3 = ☐

9 X 4 = ☐   9 X 4 = ☐

9 X 5 = ☐   9 X 5 = ☐

9 X 6 = ☐   9 X 6 = ☐

9 X 7 = ☐   9 X 7 = ☐

9 X 8 = ☐   9 X 8 = ☐

9 X 9 = ☐   9 X 9 = ☐

9 X 10 = ☐   9 X 10 = ☐

Day 37: Table of 9 - Practice

Date: _____

Let us practice Table of 9

9	18	27	36	45	54	63	72	81	90

9 X 1 = ☐   9 X 1 = ☐

9 X 2 = ☐   9 X 2 = ☐

9 X 3 = ☐   9 X 3 = ☐

9 X 4 = ☐   9 X 4 = ☐

9 X 5 = ☐   9 X 5 = ☐

9 X 6 = ☐   9 X 6 = ☐

9 X 7 = ☐   9 X 7 = ☐

9 X 8 = ☐   9 X 8 = ☐

9 X 9 = ☐   9 X 9 = ☐

9 X 10 = ☐   9 X 10 = ☐

Day 37: Table of 9 - Practice

Date: _____

Let us practice Table of 9

9	18	27	36	45	54	63	72	81	90

9 X 1 = ☐   9 X 1 = ☐

9 X 2 = ☐   9 X 2 = ☐

9 X 3 = ☐   9 X 3 = ☐

9 X 4 = ☐   9 X 4 = ☐

9 X 5 = ☐   9 X 5 = ☐

9 X 6 = ☐   9 X 6 = ☐

9 X 7 = ☐   9 X 7 = ☐

9 X 8 = ☐   9 X 8 = ☐

9 X 9 = ☐   9 X 9 = ☐

9 X 10 = ☐   9 X 10 = ☐

Day 37: Table of 9 - Practice

Date: _____

9	18	27	36	45	54	63	72	81	90

Let us practice Table of 9

9 X 1 = ☐   9 X 1 = ☐

9 X 2 = ☐   9 X 2 = ☐

9 X 3 = ☐   9 X 3 = ☐

9 X 4 = ☐   9 X 4 = ☐

9 X 5 = ☐   9 X 5 = ☐

9 X 6 = ☐   9 X 6 = ☐

9 X 7 = ☐   9 X 7 = ☐

9 X 8 = ☐   9 X 8 = ☐

9 X 9 = ☐   9 X 9 = ☐

9 X 10 = ☐   9 X 10 = ☐

Day 37: Table of 9 - Practice

Date: _____

Let us practice Table of 9

| 9 | 18 | 27 | 36 | 45 | 54 | 63 | 72 | 81 | 90 |

9 X 1 = ☐   9 X 1 = ☐

9 X 2 = ☐   9 X 2 = ☐

9 X 3 = ☐   9 X 3 = ☐

9 X 4 = ☐   9 X 4 = ☐

9 X 5 = ☐   9 X 5 = ☐

9 X 6 = ☐   9 X 6 = ☐

9 X 7 = ☐   9 X 7 = ☐

9 X 8 = ☐   9 X 8 = ☐

9 X 9 = ☐   9 X 9 = ☐

9 X 10 = ☐   9 X 10 = ☐

Day 38: Tables of 2 to 9 - Practice

Date: _____

Let us practice Tables of 2 to 7

2 X 1 =	3 X 1 =	4 X 1 =	5 X 1 =
2 X 2 =	3 X 2 =	4 X 2 =	5 X 2 =
2 X 3 =	3 X 3 =	4 X 3 =	5 X 3 =
2 X 4 =	3 X 4 =	4 X 4 =	5 X 4 =
2 X 5 =	3 X 5 =	4 X 5 =	5 X 5 =
2 X 6 =	3 X 6 =	4 X 6 =	5 X 6 =
2 X 7 =	3 X 7 =	4 X 7 =	5 X 7 =
2 X 8 =	3 X 8 =	4 X 8 =	5 X 8 =
2 X 9 =	3 X 9 =	4 X 9 =	5 X 9 =
2 X 10 =	3 X 10 =	4 X 10 =	5 X 10 =

6 X 1 =	7 X 1 =	6 X 1 =	7 X 1 =
6 X 2 =	7 X 2 =	6 X 2 =	7 X 2 =
6 X 3 =	7 X 3 =	6 X 3 =	7 X 3 =
6 X 4 =	7 X 4 =	6 X 4 =	7 X 4 =
6 X 5 =	7 X 5 =	6 X 5 =	7 X 5 =
6 X 6 =	7 X 6 =	6 X 6 =	7 X 6 =
6 X 7 =	7 X 7 =	6 X 7 =	7 X 7 =
6 X 8 =	7 X 8 =	6 X 8 =	7 X 8 =
6 X 9 =	7 X 9 =	6 X 9 =	7 X 9 =
6 X 10 =	7 X 10 =	6 X 10 =	7 X 10 =

Day 38: Tables of 2 to 8 - Practice

Date: _____

Let us practice Table of 8 and 9

8	16	24	32	40	48	56	64	72	80
9	18	27	36	45	54	63	72	81	90

8 X 1 = ☐   9 X 1 = ☐

8 X 2 = ☐   9 X 2 = ☐

8 X 3 = ☐   9 X 3 = ☐

8 X 4 = ☐   9 X 4 = ☐

8 X 5 = ☐   9 X 5 = ☐

8 X 6 = ☐   9 X 6 = ☐

8 X 7 = ☐   9 X 7 = ☐

8 X 8 = ☐   9 X 8 = ☐

8 X 9 = ☐   9 X 9 = ☐

8 X 10 = ☐   9 X 10 = ☐

Day 38: Tables of 2 to 8 - Practice

Date: _____

Let us practice Table of 8 and 9

8	16	24	32	40	48	56	64	72	80
9	18	27	36	45	54	63	72	81	90

8 X 1 = ☐   9 X 1 = ☐

8 X 2 = ☐   9 X 2 = ☐

8 X 3 = ☐   9 X 3 = ☐

8 X 4 = ☐   9 X 4 = ☐

8 X 5 = ☐   9 X 5 = ☐

8 X 6 = ☐   9 X 6 = ☐

8 X 7 = ☐   9 X 7 = ☐

8 X 8 = ☐   9 X 8 = ☐

8 X 9 = ☐   9 X 9 = ☐

8 X 10 = ☐   9 X 10 = ☐

Day 38: Tables of 2 to 8 - Practice

Date: _____

Let us practice Table of 8 and 9

8	16	24	32	40	48	56	64	72	80
9	18	27	36	45	54	63	72	81	90

8 X 1 = ☐   9 X 1 = ☐

8 X 2 = ☐   9 X 2 = ☐

8 X 3 = ☐   9 X 3 = ☐

8 X 4 = ☐   9 X 4 = ☐

8 X 5 = ☐   9 X 5 = ☐

8 X 6 = ☐   9 X 6 = ☐

8 X 7 = ☐   9 X 7 = ☐

8 X 8 = ☐   9 X 8 = ☐

8 X 9 = ☐   9 X 9 = ☐

8 X 10 = ☐   9 X 10 = ☐

Day 39: Tables of 2 to 9 - Practice

Date: _____

Let us practice Tables of 2 to 9

2 X 1 =	3 X 1 =	4 X 1 =	5 X 1 =
2 X 2 =	3 X 2 =	4 X 2 =	5 X 2 =
2 X 3 =	3 X 3 =	4 X 3 =	5 X 3 =
2 X 4 =	3 X 4 =	4 X 4 =	5 X 4 =
2 X 5 =	3 X 5 =	4 X 5 =	5 X 5 =
2 X 6 =	3 X 6 =	4 X 6 =	5 X 6 =
2 X 7 =	3 X 7 =	4 X 7 =	5 X 7 =
2 X 8 =	3 X 8 =	4 X 8 =	5 X 8 =
2 X 9 =	3 X 9 =	4 X 9 =	5 X 9 =
2 X 10 =	3 X 10 =	4 X 10 =	5 X 10 =

6 X 1 =	7 X 1 =	8 X 1 =	9 X 1 =
6 X 2 =	7 X 2 =	8 X 2 =	9 X 2 =
6 X 3 =	7 X 3 =	8 X 3 =	9 X 3 =
6 X 4 =	7 X 4 =	8 X 4 =	9 X 4 =
6 X 5 =	7 X 5 =	8 X 5 =	9 X 5 =
6 X 6 =	7 X 6 =	8 X 6 =	9 X 6 =
6 X 7 =	7 X 7 =	8 X 7 =	9 X 7 =
6 X 8 =	7 X 8 =	8 X 8 =	9 X 8 =
6 X 9 =	7 X 9 =	8 X 9 =	9 X 9 =
6 X 10 =	7 X 10 =	8 X 10 =	9 X 10 =

Day 39: Tables of 2 to 9 - Practice

Date: _____

Let us practice Tables of 2 to 9

2 X 1 = ☐	3 X 1 = ☐	4 X 1 = ☐	5 X 1 = ☐
2 X 2 = ☐	3 X 2 = ☐	4 X 2 = ☐	5 X 2 = ☐
2 X 3 = ☐	3 X 3 = ☐	4 X 3 = ☐	5 X 3 = ☐
2 X 4 = ☐	3 X 4 = ☐	4 X 4 = ☐	5 X 4 = ☐
2 X 5 = ☐	3 X 5 = ☐	4 X 5 = ☐	5 X 5 = ☐
2 X 6 = ☐	3 X 6 = ☐	4 X 6 = ☐	5 X 6 = ☐
2 X 7 = ☐	3 X 7 = ☐	4 X 7 = ☐	5 X 7 = ☐
2 X 8 = ☐	3 X 8 = ☐	4 X 8 = ☐	5 X 8 = ☐
2 X 9 = ☐	3 X 9 = ☐	4 X 9 = ☐	5 X 9 = ☐
2 X 10 = ☐	3 X 10 = ☐	4 X 10 = ☐	5 X 10 = ☐
6 X 1 = ☐	7 X 1 = ☐	8 X 1 = ☐	9 X 1 = ☐
6 X 2 = ☐	7 X 2 = ☐	8 X 2 = ☐	9 X 2 = ☐
6 X 3 = ☐	7 X 3 = ☐	8 X 3 = ☐	9 X 3 = ☐
6 X 4 = ☐	7 X 4 = ☐	8 X 4 = ☐	9 X 4 = ☐
6 X 5 = ☐	7 X 5 = ☐	8 X 5 = ☐	9 X 5 = ☐
6 X 6 = ☐	7 X 6 = ☐	8 X 6 = ☐	9 X 6 = ☐
6 X 7 = ☐	7 X 7 = ☐	8 X 7 = ☐	9 X 7 = ☐
6 X 8 = ☐	7 X 8 = ☐	8 X 8 = ☐	9 X 8 = ☐
6 X 9 = ☐	7 X 9 = ☐	8 X 9 = ☐	9 X 9 = ☐
6 X 10 = ☐	7 X 10 = ☐	8 X 10 = ☐	9 X 10 = ☐

Day 40: Tables of 2 to 9 - Practice

Date: _____

Let us practice Tables of 2 to 9

2 X 1 =	3 X 1 =	4 X 1 =	5 X 1 =
2 X 2 =	3 X 2 =	4 X 2 =	5 X 2 =
2 X 3 =	3 X 3 =	4 X 3 =	5 X 3 =
2 X 4 =	3 X 4 =	4 X 4 =	5 X 4 =
2 X 5 =	3 X 5 =	4 X 5 =	5 X 5 =
2 X 6 =	3 X 6 =	4 X 6 =	5 X 6 =
2 X 7 =	3 X 7 =	4 X 7 =	5 X 7 =
2 X 8 =	3 X 8 =	4 X 8 =	5 X 8 =
2 X 9 =	3 X 9 =	4 X 9 =	5 X 9 =
2 X 10 =	3 X 10 =	4 X 10 =	5 X 10 =
6 X 1 =	7 X 1 =	8 X 1 =	9 X 1 =
6 X 2 =	7 X 2 =	8 X 2 =	9 X 2 =
6 X 3 =	7 X 3 =	8 X 3 =	9 X 3 =
6 X 4 =	7 X 4 =	8 X 4 =	9 X 4 =
6 X 5 =	7 X 5 =	8 X 5 =	9 X 5 =
6 X 6 =	7 X 6 =	8 X 6 =	9 X 6 =
6 X 7 =	7 X 7 =	8 X 7 =	9 X 7 =
6 X 8 =	7 X 8 =	8 X 8 =	9 X 8 =
6 X 9 =	7 X 9 =	8 X 9 =	9 X 9 =
6 X 10 =	7 X 10 =	8 X 10 =	9 X 10 =

Day 40: Tables of 2 to 9 - Practice

Date: _____

Let us practice Tables of 2 to 9

2 X 1 = ☐	3 X 1 = ☐	4 X 1 = ☐	5 X 1 = ☐
2 X 2 = ☐	3 X 2 = ☐	4 X 2 = ☐	5 X 2 = ☐
2 X 3 = ☐	3 X 3 = ☐	4 X 3 = ☐	5 X 3 = ☐
2 X 4 = ☐	3 X 4 = ☐	4 X 4 = ☐	5 X 4 = ☐
2 X 5 = ☐	3 X 5 = ☐	4 X 5 = ☐	5 X 5 = ☐
2 X 6 = ☐	3 X 6 = ☐	4 X 6 = ☐	5 X 6 = ☐
2 X 7 = ☐	3 X 7 = ☐	4 X 7 = ☐	5 X 7 = ☐
2 X 8 = ☐	3 X 8 = ☐	4 X 8 = ☐	5 X 8 = ☐
2 X 9 = ☐	3 X 9 = ☐	4 X 9 = ☐	5 X 9 = ☐
2 X 10 = ☐	3 X 10 = ☐	4 X 10 = ☐	5 X 10 = ☐

6 X 1 = ☐	7 X 1 = ☐	8 X 1 = ☐	9 X 1 = ☐
6 X 2 = ☐	7 X 2 = ☐	8 X 2 = ☐	9 X 2 = ☐
6 X 3 = ☐	7 X 3 = ☐	8 X 3 = ☐	9 X 3 = ☐
6 X 4 = ☐	7 X 4 = ☐	8 X 4 = ☐	9 X 4 = ☐
6 X 5 = ☐	7 X 5 = ☐	8 X 5 = ☐	9 X 5 = ☐
6 X 6 = ☐	7 X 6 = ☐	8 X 6 = ☐	9 X 6 = ☐
6 X 7 = ☐	7 X 7 = ☐	8 X 7 = ☐	9 X 7 = ☐
6 X 8 = ☐	7 X 8 = ☐	8 X 8 = ☐	9 X 8 = ☐
6 X 9 = ☐	7 X 9 = ☐	8 X 9 = ☐	9 X 9 = ☐
6 X 10 = ☐	7 X 10 = ☐	8 X 10 = ☐	9 X 10 = ☐

Day 41: Table of 10

Date: _____

- ❖ There are 10 eggs in crate.
- ❖ Count number of crates
- ❖ Then count the number of eggs all together.

1.

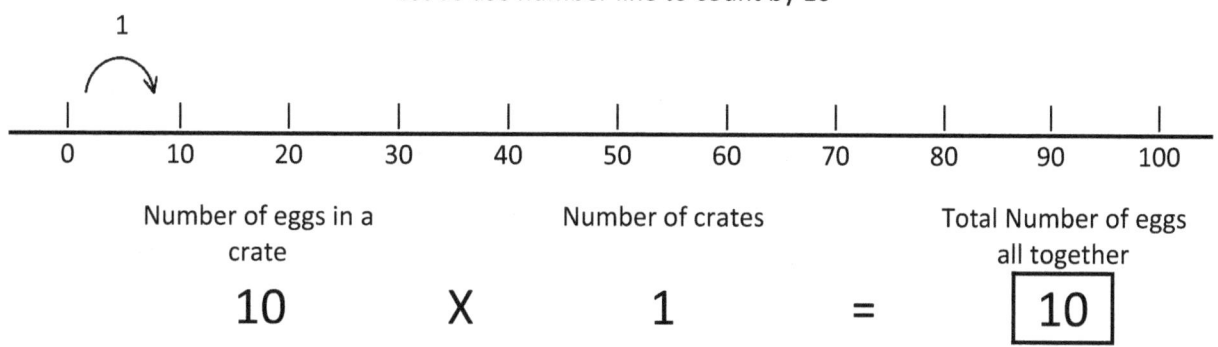

Number of eggs in a crate		Number of crates		Total Number of eggs all together
10	X	1	=	10

4.

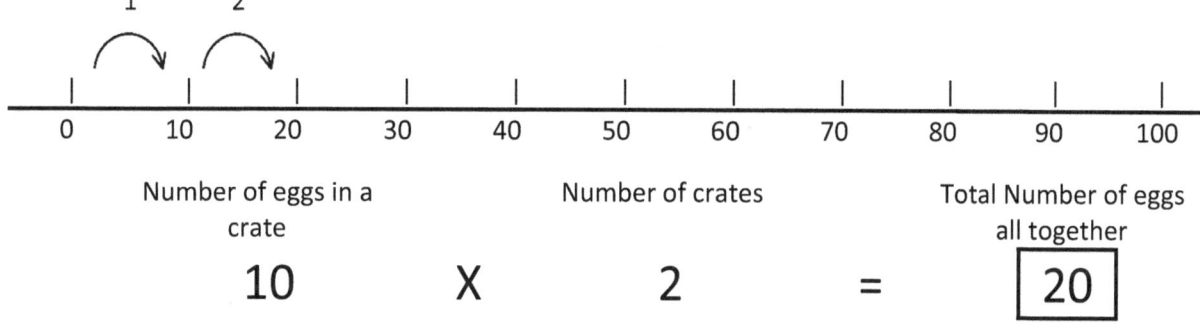

Number of eggs in a crate		Number of crates		Total Number of eggs all together
10	X	2	=	20

Day 41: Table of 10

Date: _____

- There are 10 eggs in crate.
- Count number of crates
- Then count the number of eggs all together.

3.

Let us use number line to count by 10

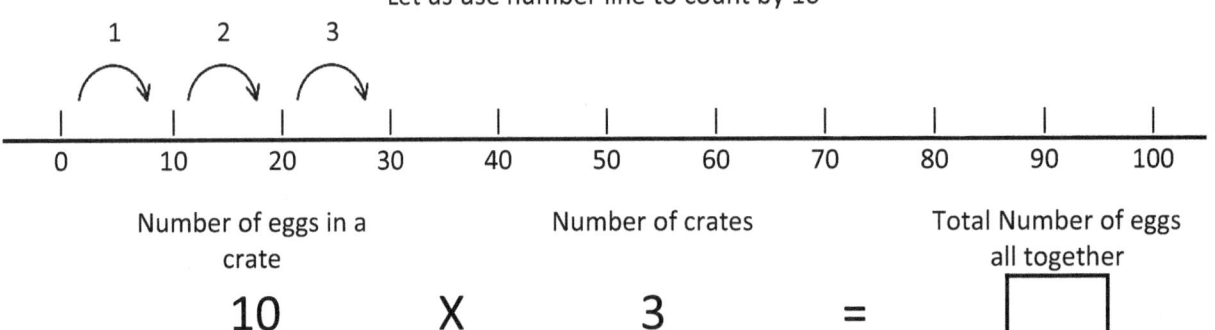

Number of eggs in a crate	Number of crates	Total Number of eggs all together
10 X	3 =	☐

4.

Let us use number line to count by 10

Number of eggs in a crate	Number of crates	Total Number of eggs all together
10 X	4 =	☐

Day 41: Table of 10

Date: _____

- ❖ There are 10 eggs in crate.
- ❖ Count number of crates
- ❖ Then count the number of eggs all together.

5.

Let us use number line to count by 10

Number of eggs in a crate	Number of crates	Total Number of eggs all together
10 X	5 =	☐

6.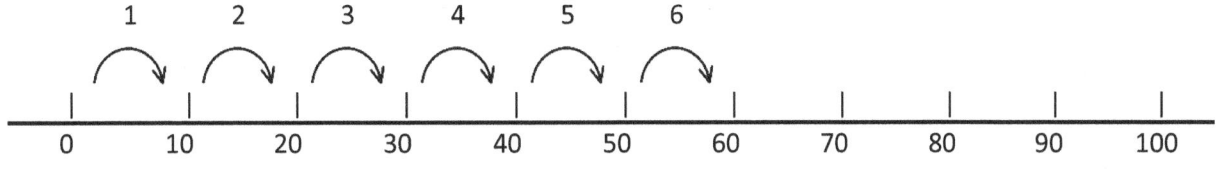

Let us use number line to count by 10

Number of eggs in a crate	Number of crates	Total Number of eggs all together
10 X	6 =	☐

Day 41: Table of 10

Date: _____

- ❖ There are 10 eggs in crate.
- ❖ Count number of crates
- ❖ Then count the number of eggs all together.

7.

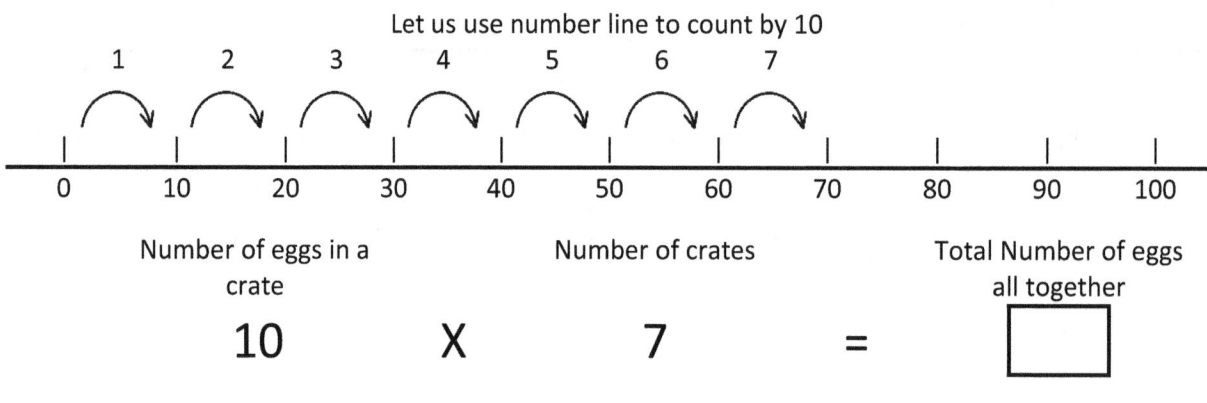

Number of eggs in a crate		Number of crates		Total Number of eggs all together
10	X	7	=	☐

8.

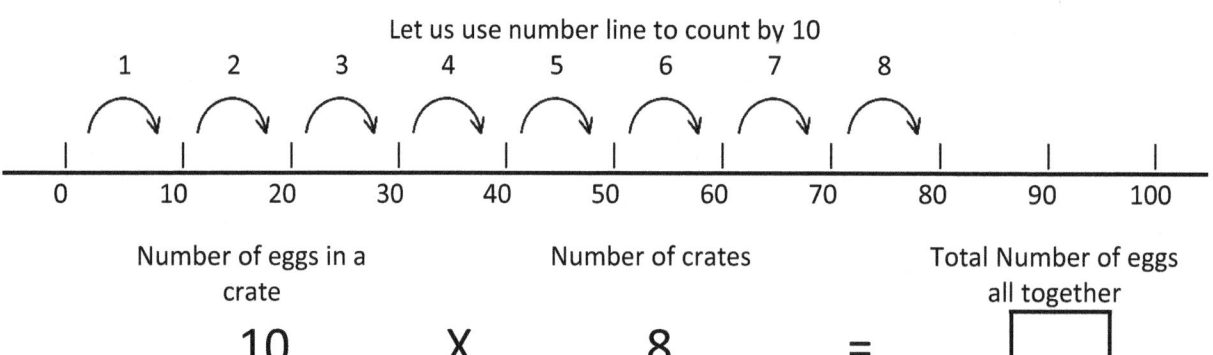

Number of eggs in a crate		Number of crates		Total Number of eggs all together
10	X	8	=	☐

Day 41: Table of 10

Date: _____

- There are 10 eggs in crate.
- Count number of crates
- Then count the number of eggs all together.

9.

Let us use number line to count by 10

```
  1    2    3    4    5    6    7    8    9
  ↷    ↷    ↷    ↷    ↷    ↷    ↷    ↷    ↷
|    |    |    |    |    |    |    |    |    |    |
0   10   20   30   40   50   60   70   80   90  100
```

Number of eggs in a crate	Number of crates	Total Number of eggs all together
10 X	9 =	☐

10.

Let us use number line to count by 10

```
  1    2    3    4    5    6    7    8    9    10
  ↷    ↷    ↷    ↷    ↷    ↷    ↷    ↷    ↷    ↷
|    |    |    |    |    |    |    |    |    |    |
0   10   20   30   40   50   60   70   80   90  100
```

Number of eggs in a crate	Number of crates	Total Number of eggs all together
10 X	10 =	☐

Day 41: Table of 10

Date: _____

Let us rewrite this in Times Table format

| 10 | 20 | 30 | 40 | 50 | 60 | 70 | 80 | 90 | 100 |

10 X 1 = 10   10 X 1 = ☐

10 X 2 = 20   10 X 2 = ☐

10 X 3 = 30   10 X 3 = ☐

10 X 4 = 40   10 X 4 = ☐

10 X 5 = 50   10 X 5 = ☐

10 X 6 = 60   10 X 6 = ☐

10 X 7 = 70   10 X 7 = ☐

10 X 8 = 80   10 X 8 = ☐

10 X 9 = 90   10 X 9 = ☐

10 X 10 = 100   10 X 10 = ☐

Day 42: Table of 10 - Practice

Date: _____

Let us practice Table of 10

10	20	30	40	50	60	70	80	90	100

10 X 1 = 10   10 X 1 = ☐

10 X 2 = 20   10 X 2 = ☐

10 X 3 = 30   10 X 3 = ☐

10 X 4 = 40   10 X 4 = ☐

10 X 5 = 50   10 X 5 = ☐

10 X 6 = 60   10 X 6 = ☐

10 X 7 = 70   10 X 7 = ☐

10 X 8 = 80   10 X 8 = ☐

10 X 9 = 90   10 X 9 = ☐

10 X 10 = 100   10 X 10 = ☐

Day 42: Table of 10 - Practice

Date: _____

Let us practice Table of 10

10	20	30	40	50	60	70	80	90	100

10 X 1 = 10   10 X 1 = ☐

10 X 2 = 20   10 X 2 = ☐

10 X 3 = 30   10 X 3 = ☐

10 X 4 = 40   10 X 4 = ☐

10 X 5 = 50   10 X 5 = ☐

10 X 6 = 60   10 X 6 = ☐

10 X 7 = 70   10 X 7 = ☐

10 X 8 = 80   10 X 8 = ☐

10 X 9 = 90   10 X 9 = ☐

10 X 10 = 100   10 X 10 = ☐

Day 42: Table of 10 - Practice

Date: _____

Let us practice Table of 10

| 10 | 20 | 30 | 40 | 50 | 60 | 70 | 80 | 90 | 100 |

10 X 1 = ☐   10 X 1 = ☐
10 X 2 = ☐   10 X 2 = ☐
10 X 3 = ☐   10 X 3 = ☐
10 X 4 = ☐   10 X 4 = ☐
10 X 5 = ☐   10 X 5 = ☐
10 X 6 = ☐   10 X 6 = ☐
10 X 7 = ☐   10 X 7 = ☐
10 X 8 = ☐   10 X 8 = ☐
10 X 9 = ☐   10 X 9 = ☐
10 X 10 = ☐   10 X 10 = ☐

Day 42: Table of 10 - Practice

Date: _____

Let us practice Table of 10

| 10 | 20 | 30 | 40 | 50 | 60 | 70 | 80 | 90 | 100 |

10 X 1 = ☐   10 X 1 = ☐

10 X 2 = ☐   10 X 2 = ☐

10 X 3 = ☐   10 X 3 = ☐

10 X 4 = ☐   10 X 4 = ☐

10 X 5 = ☐   10 X 5 = ☐

10 X 6 = ☐   10 X 6 = ☐

10 X 7 = ☐   10 X 7 = ☐

10 X 8 = ☐   10 X 8 = ☐

10 X 9 = ☐   10 X 9 = ☐

10 X 10 = ☐   10 X 10 = ☐

Day 43: Tables of 2 to 10 - Practice

Date: _____

Let us practice Tables of 2 to 9

2 X 1 =		3 X 1 =		4 X 1 =		5 X 1 =	
2 X 2 =		3 X 2 =		4 X 2 =		5 X 2 =	
2 X 3 =		3 X 3 =		4 X 3 =		5 X 3 =	
2 X 4 =		3 X 4 =		4 X 4 =		5 X 4 =	
2 X 5 =		3 X 5 =		4 X 5 =		5 X 5 =	
2 X 6 =		3 X 6 =		4 X 6 =		5 X 6 =	
2 X 7 =		3 X 7 =		4 X 7 =		5 X 7 =	
2 X 8 =		3 X 8 =		4 X 8 =		5 X 8 =	
2 X 9 =		3 X 9 =		4 X 9 =		5 X 9 =	
2 X 10 =		3 X 10 =		4 X 10 =		5 X 10 =	
6 X 1 =		7 X 1 =		8 X 1 =		9 X 1 =	
6 X 2 =		7 X 2 =		8 X 2 =		9 X 2 =	
6 X 3 =		7 X 3 =		8 X 3 =		9 X 3 =	
6 X 4 =		7 X 4 =		8 X 4 =		9 X 4 =	
6 X 5 =		7 X 5 =		8 X 5 =		9 X 5 =	
6 X 6 =		7 X 6 =		8 X 6 =		9 X 6 =	
6 X 7 =		7 X 7 =		8 X 7 =		9 X 7 =	
6 X 8 =		7 X 8 =		8 X 8 =		9 X 8 =	
6 X 9 =		7 X 9 =		8 X 9 =		9 X 9 =	
6 X 10 =		7 X 10 =		8 X 10 =		9 X 10 =	

Day 43: Tables of 2 to 10 - Practice

Date: _____

Let us practice Tables of 3 to 10

3 X 1 =		4 X 1 =		5 X 1 =		6 X 1 =	
3 X 2 =		4 X 2 =		5 X 2 =		6 X 2 =	
3 X 3 =		4 X 3 =		5 X 3 =		6 X 3 =	
3 X 4 =		4 X 4 =		5 X 4 =		6 X 4 =	
3 X 5 =		4 X 5 =		5 X 5 =		6 X 5 =	
3 X 6 =		4 X 6 =		5 X 6 =		6 X 6 =	
3 X 7 =		4 X 7 =		5 X 7 =		6 X 7 =	
3 X 8 =		4 X 8 =		5 X 8 =		6 X 8 =	
3 X 9 =		4 X 9 =		5 X 9 =		6 X 9 =	
3 X 10 =		4 X 10 =		5 X 10 =		6 X 10 =	

7 X 1 =		8 X 1 =		9 X 1 =		10 X 1 =	
7 X 2 =		8 X 2 =		9 X 2 =		10 X 2 =	
7 X 3 =		8 X 3 =		9 X 3 =		10 X 3 =	
7 X 4 =		8 X 4 =		9 X 4 =		10 X 4 =	
7 X 5 =		8 X 5 =		9 X 5 =		10 X 5 =	
7 X 6 =		8 X 6 =		9 X 6 =		10 X 6 =	
7 X 7 =		8 X 7 =		9 X 7 =		10 X 7 =	
7 X 8 =		8 X 8 =		9 X 8 =		10 X 8 =	
7 X 9 =		8 X 9 =		9 X 9 =		10 X 9 =	
7 X 10 =		8 X 10 =		9 X 10 =		10 X 10 =	

Day 43: Tables of 2 to 10 - Practice

Date: _____

Let us practice Tables of 2 to 9

2 X 1 =	3 X 1 =	4 X 1 =	5 X 1 =
2 X 2 =	3 X 2 =	4 X 2 =	5 X 2 =
2 X 3 =	3 X 3 =	4 X 3 =	5 X 3 =
2 X 4 =	3 X 4 =	4 X 4 =	5 X 4 =
2 X 5 =	3 X 5 =	4 X 5 =	5 X 5 =
2 X 6 =	3 X 6 =	4 X 6 =	5 X 6 =
2 X 7 =	3 X 7 =	4 X 7 =	5 X 7 =
2 X 8 =	3 X 8 =	4 X 8 =	5 X 8 =
2 X 9 =	3 X 9 =	4 X 9 =	5 X 9 =
2 X 10 =	3 X 10 =	4 X 10 =	5 X 10 =

6 X 1 =	7 X 1 =	8 X 1 =	9 X 1 =
6 X 2 =	7 X 2 =	8 X 2 =	9 X 2 =
6 X 3 =	7 X 3 =	8 X 3 =	9 X 3 =
6 X 4 =	7 X 4 =	8 X 4 =	9 X 4 =
6 X 5 =	7 X 5 =	8 X 5 =	9 X 5 =
6 X 6 =	7 X 6 =	8 X 6 =	9 X 6 =
6 X 7 =	7 X 7 =	8 X 7 =	9 X 7 =
6 X 8 =	7 X 8 =	8 X 8 =	9 X 8 =
6 X 9 =	7 X 9 =	8 X 9 =	9 X 9 =
6 X 10 =	7 X 10 =	8 X 10 =	9 X 10 =

Day 43: Tables of 2 to 10 - Practice

Date: _____

Let us practice Tables of 3 to 10

3 X 1 =	4 X 1 =	5 X 1 =	6 X 1 =
3 X 2 =	4 X 2 =	5 X 2 =	6 X 2 =
3 X 3 =	4 X 3 =	5 X 3 =	6 X 3 =
3 X 4 =	4 X 4 =	5 X 4 =	6 X 4 =
3 X 5 =	4 X 5 =	5 X 5 =	6 X 5 =
3 X 6 =	4 X 6 =	5 X 6 =	6 X 6 =
3 X 7 =	4 X 7 =	5 X 7 =	6 X 7 =
3 X 8 =	4 X 8 =	5 X 8 =	6 X 8 =
3 X 9 =	4 X 9 =	5 X 9 =	6 X 9 =
3 X 10 =	4 X 10 =	5 X 10 =	6 X 10 =
7 X 1 =	8 X 1 =	9 X 1 =	10 X 1 =
7 X 2 =	8 X 2 =	9 X 2 =	10 X 2 =
7 X 3 =	8 X 3 =	9 X 3 =	10 X 3 =
7 X 4 =	8 X 4 =	9 X 4 =	10 X 4 =
7 X 5 =	8 X 5 =	9 X 5 =	10 X 5 =
7 X 6 =	8 X 6 =	9 X 6 =	10 X 6 =
7 X 7 =	8 X 7 =	9 X 7 =	10 X 7 =
7 X 8 =	8 X 8 =	9 X 8 =	10 X 8 =
7 X 9 =	8 X 9 =	9 X 9 =	10 X 9 =
7 X 10 =	8 X 10 =	9 X 10 =	10 X 10 =

Day 44: Tables of 2 to 10 - Practice

Date: _____

Let us practice Tables of 2 to 9

2 X 1 =	☐	3 X 1 =	☐	4 X 1 =	☐	5 X 1 =	☐
2 X 2 =	☐	3 X 2 =	☐	4 X 2 =	☐	5 X 2 =	☐
2 X 3 =	☐	3 X 3 =	☐	4 X 3 =	☐	5 X 3 =	☐
2 X 4 =	☐	3 X 4 =	☐	4 X 4 =	☐	5 X 4 =	☐
2 X 5 =	☐	3 X 5 =	☐	4 X 5 =	☐	5 X 5 =	☐
2 X 6 =	☐	3 X 6 =	☐	4 X 6 =	☐	5 X 6 =	☐
2 X 7 =	☐	3 X 7 =	☐	4 X 7 =	☐	5 X 7 =	☐
2 X 8 =	☐	3 X 8 =	☐	4 X 8 =	☐	5 X 8 =	☐
2 X 9 =	☐	3 X 9 =	☐	4 X 9 =	☐	5 X 9 =	☐
2 X 10 =	☐	3 X 10 =	☐	4 X 10 =	☐	5 X 10 =	☐
6 X 1 =	☐	7 X 1 =	☐	8 X 1 =	☐	9 X 1 =	☐
6 X 2 =	☐	7 X 2 =	☐	8 X 2 =	☐	9 X 2 =	☐
6 X 3 =	☐	7 X 3 =	☐	8 X 3 =	☐	9 X 3 =	☐
6 X 4 =	☐	7 X 4 =	☐	8 X 4 =	☐	9 X 4 =	☐
6 X 5 =	☐	7 X 5 =	☐	8 X 5 =	☐	9 X 5 =	☐
6 X 6 =	☐	7 X 6 =	☐	8 X 6 =	☐	9 X 6 =	☐
6 X 7 =	☐	7 X 7 =	☐	8 X 7 =	☐	9 X 7 =	☐
6 X 8 =	☐	7 X 8 =	☐	8 X 8 =	☐	9 X 8 =	☐
6 X 9 =	☐	7 X 9 =	☐	8 X 9 =	☐	9 X 9 =	☐
6 X 10 =	☐	7 X 10 =	☐	8 X 10 =	☐	9 X 10 =	☐

Day 44: Tables of 2 to 10 - Practice

Date: _____

Let us practice Tables of 3 to 10

3 X 1 = ☐	4 X 1 = ☐	5 X 1 = ☐	6 X 1 = ☐
3 X 2 = ☐	4 X 2 = ☐	5 X 2 = ☐	6 X 2 = ☐
3 X 3 = ☐	4 X 3 = ☐	5 X 3 = ☐	6 X 3 = ☐
3 X 4 = ☐	4 X 4 = ☐	5 X 4 = ☐	6 X 4 = ☐
3 X 5 = ☐	4 X 5 = ☐	5 X 5 = ☐	6 X 5 = ☐
3 X 6 = ☐	4 X 6 = ☐	5 X 6 = ☐	6 X 6 = ☐
3 X 7 = ☐	4 X 7 = ☐	5 X 7 = ☐	6 X 7 = ☐
3 X 8 = ☐	4 X 8 = ☐	5 X 8 = ☐	6 X 8 = ☐
3 X 9 = ☐	4 X 9 = ☐	5 X 9 = ☐	6 X 9 = ☐
3 X 10 = ☐	4 X 10 = ☐	5 X 10 = ☐	6 X 10 = ☐
7 X 1 = ☐	8 X 1 = ☐	9 X 1 = ☐	10 X 1 = ☐
7 X 2 = ☐	8 X 2 = ☐	9 X 2 = ☐	10 X 2 = ☐
7 X 3 = ☐	8 X 3 = ☐	9 X 3 = ☐	10 X 3 = ☐
7 X 4 = ☐	8 X 4 = ☐	9 X 4 = ☐	10 X 4 = ☐
7 X 5 = ☐	8 X 5 = ☐	9 X 5 = ☐	10 X 5 = ☐
7 X 6 = ☐	8 X 6 = ☐	9 X 6 = ☐	10 X 6 = ☐
7 X 7 = ☐	8 X 7 = ☐	9 X 7 = ☐	10 X 7 = ☐
7 X 8 = ☐	8 X 8 = ☐	9 X 8 = ☐	10 X 8 = ☐
7 X 9 = ☐	8 X 9 = ☐	9 X 9 = ☐	10 X 9 = ☐
7 X 10 = ☐	8 X 10 = ☐	9 X 10 = ☐	10 X 10 = ☐

Day 44: Tables of 2 to 10 - Practice

Date: _____

Let us practice Tables of 2 to 9

2 X 1 = ☐	3 X 1 = ☐	4 X 1 = ☐	5 X 1 = ☐
2 X 2 = ☐	3 X 2 = ☐	4 X 2 = ☐	5 X 2 = ☐
2 X 3 = ☐	3 X 3 = ☐	4 X 3 = ☐	5 X 3 = ☐
2 X 4 = ☐	3 X 4 = ☐	4 X 4 = ☐	5 X 4 = ☐
2 X 5 = ☐	3 X 5 = ☐	4 X 5 = ☐	5 X 5 = ☐
2 X 6 = ☐	3 X 6 = ☐	4 X 6 = ☐	5 X 6 = ☐
2 X 7 = ☐	3 X 7 = ☐	4 X 7 = ☐	5 X 7 = ☐
2 X 8 = ☐	3 X 8 = ☐	4 X 8 = ☐	5 X 8 = ☐
2 X 9 = ☐	3 X 9 = ☐	4 X 9 = ☐	5 X 9 = ☐
2 X 10 = ☐	3 X 10 = ☐	4 X 10 = ☐	5 X 10 = ☐
6 X 1 = ☐	7 X 1 = ☐	8 X 1 = ☐	9 X 1 = ☐
6 X 2 = ☐	7 X 2 = ☐	8 X 2 = ☐	9 X 2 = ☐
6 X 3 = ☐	7 X 3 = ☐	8 X 3 = ☐	9 X 3 = ☐
6 X 4 = ☐	7 X 4 = ☐	8 X 4 = ☐	9 X 4 = ☐
6 X 5 = ☐	7 X 5 = ☐	8 X 5 = ☐	9 X 5 = ☐
6 X 6 = ☐	7 X 6 = ☐	8 X 6 = ☐	9 X 6 = ☐
6 X 7 = ☐	7 X 7 = ☐	8 X 7 = ☐	9 X 7 = ☐
6 X 8 = ☐	7 X 8 = ☐	8 X 8 = ☐	9 X 8 = ☐
6 X 9 = ☐	7 X 9 = ☐	8 X 9 = ☐	9 X 9 = ☐
6 X 10 = ☐	7 X 10 = ☐	8 X 10 = ☐	9 X 10 = ☐

Day 44: Tables of 2 to 10 - Practice

Date: _____

Let us practice Tables of 3 to 10

3 X 1 =	4 X 1 =	5 X 1 =	6 X 1 =
3 X 2 =	4 X 2 =	5 X 2 =	6 X 2 =
3 X 3 =	4 X 3 =	5 X 3 =	6 X 3 =
3 X 4 =	4 X 4 =	5 X 4 =	6 X 4 =
3 X 5 =	4 X 5 =	5 X 5 =	6 X 5 =
3 X 6 =	4 X 6 =	5 X 6 =	6 X 6 =
3 X 7 =	4 X 7 =	5 X 7 =	6 X 7 =
3 X 8 =	4 X 8 =	5 X 8 =	6 X 8 =
3 X 9 =	4 X 9 =	5 X 9 =	6 X 9 =
3 X 10 =	4 X 10 =	5 X 10 =	6 X 10 =
7 X 1 =	8 X 1 =	9 X 1 =	10 X 1 =
7 X 2 =	8 X 2 =	9 X 2 =	10 X 2 =
7 X 3 =	8 X 3 =	9 X 3 =	10 X 3 =
7 X 4 =	8 X 4 =	9 X 4 =	10 X 4 =
7 X 5 =	8 X 5 =	9 X 5 =	10 X 5 =
7 X 6 =	8 X 6 =	9 X 6 =	10 X 6 =
7 X 7 =	8 X 7 =	9 X 7 =	10 X 7 =
7 X 8 =	8 X 8 =	9 X 8 =	10 X 8 =
7 X 9 =	8 X 9 =	9 X 9 =	10 X 9 =
7 X 10 =	8 X 10 =	9 X 10 =	10 X 10 =

Day 45: Tables of 2 to 10 - Practice

Date: _____

Let us practice Tables of 2 to 9

2 X 1 =		3 X 1 =		4 X 1 =		5 X 1 =	
2 X 2 =		3 X 2 =		4 X 2 =		5 X 2 =	
2 X 3 =		3 X 3 =		4 X 3 =		5 X 3 =	
2 X 4 =		3 X 4 =		4 X 4 =		5 X 4 =	
2 X 5 =		3 X 5 =		4 X 5 =		5 X 5 =	
2 X 6 =		3 X 6 =		4 X 6 =		5 X 6 =	
2 X 7 =		3 X 7 =		4 X 7 =		5 X 7 =	
2 X 8 =		3 X 8 =		4 X 8 =		5 X 8 =	
2 X 9 =		3 X 9 =		4 X 9 =		5 X 9 =	
2 X 10 =		3 X 10 =		4 X 10 =		5 X 10 =	
6 X 1 =		7 X 1 =		8 X 1 =		9 X 1 =	
6 X 2 =		7 X 2 =		8 X 2 =		9 X 2 =	
6 X 3 =		7 X 3 =		8 X 3 =		9 X 3 =	
6 X 4 =		7 X 4 =		8 X 4 =		9 X 4 =	
6 X 5 =		7 X 5 =		8 X 5 =		9 X 5 =	
6 X 6 =		7 X 6 =		8 X 6 =		9 X 6 =	
6 X 7 =		7 X 7 =		8 X 7 =		9 X 7 =	
6 X 8 =		7 X 8 =		8 X 8 =		9 X 8 =	
6 X 9 =		7 X 9 =		8 X 9 =		9 X 9 =	
6 X 10 =		7 X 10 =		8 X 10 =		9 X 10 =	

Day 45: Tables of 2 to 10 - Practice

Date: _____

Let us practice Tables of 3 to 10

3 X 1 =	4 X 1 =	5 X 1 =	6 X 1 =
3 X 2 =	4 X 2 =	5 X 2 =	6 X 2 =
3 X 3 =	4 X 3 =	5 X 3 =	6 X 3 =
3 X 4 =	4 X 4 =	5 X 4 =	6 X 4 =
3 X 5 =	4 X 5 =	5 X 5 =	6 X 5 =
3 X 6 =	4 X 6 =	5 X 6 =	6 X 6 =
3 X 7 =	4 X 7 =	5 X 7 =	6 X 7 =
3 X 8 =	4 X 8 =	5 X 8 =	6 X 8 =
3 X 9 =	4 X 9 =	5 X 9 =	6 X 9 =
3 X 10 =	4 X 10 =	5 X 10 =	6 X 10 =
7 X 1 =	8 X 1 =	9 X 1 =	10 X 1 =
7 X 2 =	8 X 2 =	9 X 2 =	10 X 2 =
7 X 3 =	8 X 3 =	9 X 3 =	10 X 3 =
7 X 4 =	8 X 4 =	9 X 4 =	10 X 4 =
7 X 5 =	8 X 5 =	9 X 5 =	10 X 5 =
7 X 6 =	8 X 6 =	9 X 6 =	10 X 6 =
7 X 7 =	8 X 7 =	9 X 7 =	10 X 7 =
7 X 8 =	8 X 8 =	9 X 8 =	10 X 8 =
7 X 9 =	8 X 9 =	9 X 9 =	10 X 9 =
7 X 10 =	8 X 10 =	9 X 10 =	10 X 10 =

Day 45: Tables of 2 to 10 - Practice

Date: _____

Let us practice Tables of 2 to 9

2 X 1 =	3 X 1 =	4 X 1 =	5 X 1 =
2 X 2 =	3 X 2 =	4 X 2 =	5 X 2 =
2 X 3 =	3 X 3 =	4 X 3 =	5 X 3 =
2 X 4 =	3 X 4 =	4 X 4 =	5 X 4 =
2 X 5 =	3 X 5 =	4 X 5 =	5 X 5 =
2 X 6 =	3 X 6 =	4 X 6 =	5 X 6 =
2 X 7 =	3 X 7 =	4 X 7 =	5 X 7 =
2 X 8 =	3 X 8 =	4 X 8 =	5 X 8 =
2 X 9 =	3 X 9 =	4 X 9 =	5 X 9 =
2 X 10 =	3 X 10 =	4 X 10 =	5 X 10 =
6 X 1 =	7 X 1 =	8 X 1 =	9 X 1 =
6 X 2 =	7 X 2 =	8 X 2 =	9 X 2 =
6 X 3 =	7 X 3 =	8 X 3 =	9 X 3 =
6 X 4 =	7 X 4 =	8 X 4 =	9 X 4 =
6 X 5 =	7 X 5 =	8 X 5 =	9 X 5 =
6 X 6 =	7 X 6 =	8 X 6 =	9 X 6 =
6 X 7 =	7 X 7 =	8 X 7 =	9 X 7 =
6 X 8 =	7 X 8 =	8 X 8 =	9 X 8 =
6 X 9 =	7 X 9 =	8 X 9 =	9 X 9 =
6 X 10 =	7 X 10 =	8 X 10 =	9 X 10 =

Day 45: Tables of 2 to 10 - Practice

Date: _____

| Let us practice Tables of 3 to 10 |

3 X 1 = ☐	4 X 1 = ☐	5 X 1 = ☐	6 X 1 = ☐
3 X 2 = ☐	4 X 2 = ☐	5 X 2 = ☐	6 X 2 = ☐
3 X 3 = ☐	4 X 3 = ☐	5 X 3 = ☐	6 X 3 = ☐
3 X 4 = ☐	4 X 4 = ☐	5 X 4 = ☐	6 X 4 = ☐
3 X 5 = ☐	4 X 5 = ☐	5 X 5 = ☐	6 X 5 = ☐
3 X 6 = ☐	4 X 6 = ☐	5 X 6 = ☐	6 X 6 = ☐
3 X 7 = ☐	4 X 7 = ☐	5 X 7 = ☐	6 X 7 = ☐
3 X 8 = ☐	4 X 8 = ☐	5 X 8 = ☐	6 X 8 = ☐
3 X 9 = ☐	4 X 9 = ☐	5 X 9 = ☐	6 X 9 = ☐
3 X 10 = ☐	4 X 10 = ☐	5 X 10 = ☐	6 X 10 = ☐
7 X 1 = ☐	8 X 1 = ☐	9 X 1 = ☐	10 X 1 = ☐
7 X 2 = ☐	8 X 2 = ☐	9 X 2 = ☐	10 X 2 = ☐
7 X 3 = ☐	8 X 3 = ☐	9 X 3 = ☐	10 X 3 = ☐
7 X 4 = ☐	8 X 4 = ☐	9 X 4 = ☐	10 X 4 = ☐
7 X 5 = ☐	8 X 5 = ☐	9 X 5 = ☐	10 X 5 = ☐
7 X 6 = ☐	8 X 6 = ☐	9 X 6 = ☐	10 X 6 = ☐
7 X 7 = ☐	8 X 7 = ☐	9 X 7 = ☐	10 X 7 = ☐
7 X 8 = ☐	8 X 8 = ☐	9 X 8 = ☐	10 X 8 = ☐
7 X 9 = ☐	8 X 9 = ☐	9 X 9 = ☐	10 X 9 = ☐
7 X 10 = ☐	8 X 10 = ☐	9 X 10 = ☐	10 X 10 = ☐

Day 46: Tables of 2 to 10 - Practice

Date: _____

Let us practice Tables of 2 to 9

2 X 1 =	3 X 1 =	4 X 1 =	5 X 1 =
2 X 2 =	3 X 2 =	4 X 2 =	5 X 2 =
2 X 3 =	3 X 3 =	4 X 3 =	5 X 3 =
2 X 4 =	3 X 4 =	4 X 4 =	5 X 4 =
2 X 5 =	3 X 5 =	4 X 5 =	5 X 5 =
2 X 6 =	3 X 6 =	4 X 6 =	5 X 6 =
2 X 7 =	3 X 7 =	4 X 7 =	5 X 7 =
2 X 8 =	3 X 8 =	4 X 8 =	5 X 8 =
2 X 9 =	3 X 9 =	4 X 9 =	5 X 9 =
2 X 10 =	3 X 10 =	4 X 10 =	5 X 10 =

6 X 1 =	7 X 1 =	8 X 1 =	9 X 1 =
6 X 2 =	7 X 2 =	8 X 2 =	9 X 2 =
6 X 3 =	7 X 3 =	8 X 3 =	9 X 3 =
6 X 4 =	7 X 4 =	8 X 4 =	9 X 4 =
6 X 5 =	7 X 5 =	8 X 5 =	9 X 5 =
6 X 6 =	7 X 6 =	8 X 6 =	9 X 6 =
6 X 7 =	7 X 7 =	8 X 7 =	9 X 7 =
6 X 8 =	7 X 8 =	8 X 8 =	9 X 8 =
6 X 9 =	7 X 9 =	8 X 9 =	9 X 9 =
6 X 10 =	7 X 10 =	8 X 10 =	9 X 10 =

Day 46: Tables of 2 to 10 - Practice

Date: _____

Let us practice Tables of 3 to 10

3 X 1 =	4 X 1 =	5 X 1 =	6 X 1 =
3 X 2 =	4 X 2 =	5 X 2 =	6 X 2 =
3 X 3 =	4 X 3 =	5 X 3 =	6 X 3 =
3 X 4 =	4 X 4 =	5 X 4 =	6 X 4 =
3 X 5 =	4 X 5 =	5 X 5 =	6 X 5 =
3 X 6 =	4 X 6 =	5 X 6 =	6 X 6 =
3 X 7 =	4 X 7 =	5 X 7 =	6 X 7 =
3 X 8 =	4 X 8 =	5 X 8 =	6 X 8 =
3 X 9 =	4 X 9 =	5 X 9 =	6 X 9 =
3 X 10 =	4 X 10 =	5 X 10 =	6 X 10 =
7 X 1 =	8 X 1 =	9 X 1 =	10 X 1 =
7 X 2 =	8 X 2 =	9 X 2 =	10 X 2 =
7 X 3 =	8 X 3 =	9 X 3 =	10 X 3 =
7 X 4 =	8 X 4 =	9 X 4 =	10 X 4 =
7 X 5 =	8 X 5 =	9 X 5 =	10 X 5 =
7 X 6 =	8 X 6 =	9 X 6 =	10 X 6 =
7 X 7 =	8 X 7 =	9 X 7 =	10 X 7 =
7 X 8 =	8 X 8 =	9 X 8 =	10 X 8 =
7 X 9 =	8 X 9 =	9 X 9 =	10 X 9 =
7 X 10 =	8 X 10 =	9 X 10 =	10 X 10 =

Day 46: Tables of 2 to 10 - Practice

Date: _____

Let us practice Tables of 2 to 9

2 X 1 =	3 X 1 =	4 X 1 =	5 X 1 =
2 X 2 =	3 X 2 =	4 X 2 =	5 X 2 =
2 X 3 =	3 X 3 =	4 X 3 =	5 X 3 =
2 X 4 =	3 X 4 =	4 X 4 =	5 X 4 =
2 X 5 =	3 X 5 =	4 X 5 =	5 X 5 =
2 X 6 =	3 X 6 =	4 X 6 =	5 X 6 =
2 X 7 =	3 X 7 =	4 X 7 =	5 X 7 =
2 X 8 =	3 X 8 =	4 X 8 =	5 X 8 =
2 X 9 =	3 X 9 =	4 X 9 =	5 X 9 =
2 X 10 =	3 X 10 =	4 X 10 =	5 X 10 =

6 X 1 =	7 X 1 =	8 X 1 =	9 X 1 =
6 X 2 =	7 X 2 =	8 X 2 =	9 X 2 =
6 X 3 =	7 X 3 =	8 X 3 =	9 X 3 =
6 X 4 =	7 X 4 =	8 X 4 =	9 X 4 =
6 X 5 =	7 X 5 =	8 X 5 =	9 X 5 =
6 X 6 =	7 X 6 =	8 X 6 =	9 X 6 =
6 X 7 =	7 X 7 =	8 X 7 =	9 X 7 =
6 X 8 =	7 X 8 =	8 X 8 =	9 X 8 =
6 X 9 =	7 X 9 =	8 X 9 =	9 X 9 =
6 X 10 =	7 X 10 =	8 X 10 =	9 X 10 =

Day 46: Tables of 2 to 10 - Practice

Date: _____

| Let us practice Tables of 3 to 10 |

3 X 1 =	4 X 1 =	5 X 1 =	6 X 1 =
3 X 2 =	4 X 2 =	5 X 2 =	6 X 2 =
3 X 3 =	4 X 3 =	5 X 3 =	6 X 3 =
3 X 4 =	4 X 4 =	5 X 4 =	6 X 4 =
3 X 5 =	4 X 5 =	5 X 5 =	6 X 5 =
3 X 6 =	4 X 6 =	5 X 6 =	6 X 6 =
3 X 7 =	4 X 7 =	5 X 7 =	6 X 7 =
3 X 8 =	4 X 8 =	5 X 8 =	6 X 8 =
3 X 9 =	4 X 9 =	5 X 9 =	6 X 9 =
3 X 10 =	4 X 10 =	5 X 10 =	6 X 10 =

7 X 1 =	8 X 1 =	9 X 1 =	10 X 1 =
7 X 2 =	8 X 2 =	9 X 2 =	10 X 2 =
7 X 3 =	8 X 3 =	9 X 3 =	10 X 3 =
7 X 4 =	8 X 4 =	9 X 4 =	10 X 4 =
7 X 5 =	8 X 5 =	9 X 5 =	10 X 5 =
7 X 6 =	8 X 6 =	9 X 6 =	10 X 6 =
7 X 7 =	8 X 7 =	9 X 7 =	10 X 7 =
7 X 8 =	8 X 8 =	9 X 8 =	10 X 8 =
7 X 9 =	8 X 9 =	9 X 9 =	10 X 9 =
7 X 10 =	8 X 10 =	9 X 10 =	10 X 10 =

Day 47: Tables of 2 to 10 - Practice

Date: _____

Let us practice Tables of 2 to 9

2 X 1 =	3 X 1 =	4 X 1 =	5 X 1 =
2 X 2 =	3 X 2 =	4 X 2 =	5 X 2 =
2 X 3 =	3 X 3 =	4 X 3 =	5 X 3 =
2 X 4 =	3 X 4 =	4 X 4 =	5 X 4 =
2 X 5 =	3 X 5 =	4 X 5 =	5 X 5 =
2 X 6 =	3 X 6 =	4 X 6 =	5 X 6 =
2 X 7 =	3 X 7 =	4 X 7 =	5 X 7 =
2 X 8 =	3 X 8 =	4 X 8 =	5 X 8 =
2 X 9 =	3 X 9 =	4 X 9 =	5 X 9 =
2 X 10 =	3 X 10 =	4 X 10 =	5 X 10 =

6 X 1 =	7 X 1 =	8 X 1 =	9 X 1 =
6 X 2 =	7 X 2 =	8 X 2 =	9 X 2 =
6 X 3 =	7 X 3 =	8 X 3 =	9 X 3 =
6 X 4 =	7 X 4 =	8 X 4 =	9 X 4 =
6 X 5 =	7 X 5 =	8 X 5 =	9 X 5 =
6 X 6 =	7 X 6 =	8 X 6 =	9 X 6 =
6 X 7 =	7 X 7 =	8 X 7 =	9 X 7 =
6 X 8 =	7 X 8 =	8 X 8 =	9 X 8 =
6 X 9 =	7 X 9 =	8 X 9 =	9 X 9 =
6 X 10 =	7 X 10 =	8 X 10 =	9 X 10 =

Day 47: Tables of 2 to 10 - Practice

Date: _____

Let us practice Tables of 3 to 10

3 X 1 =	4 X 1 =	5 X 1 =	6 X 1 =
3 X 2 =	4 X 2 =	5 X 2 =	6 X 2 =
3 X 3 =	4 X 3 =	5 X 3 =	6 X 3 =
3 X 4 =	4 X 4 =	5 X 4 =	6 X 4 =
3 X 5 =	4 X 5 =	5 X 5 =	6 X 5 =
3 X 6 =	4 X 6 =	5 X 6 =	6 X 6 =
3 X 7 =	4 X 7 =	5 X 7 =	6 X 7 =
3 X 8 =	4 X 8 =	5 X 8 =	6 X 8 =
3 X 9 =	4 X 9 =	5 X 9 =	6 X 9 =
3 X 10 =	4 X 10 =	5 X 10 =	6 X 10 =
7 X 1 =	8 X 1 =	9 X 1 =	10 X 1 =
7 X 2 =	8 X 2 =	9 X 2 =	10 X 2 =
7 X 3 =	8 X 3 =	9 X 3 =	10 X 3 =
7 X 4 =	8 X 4 =	9 X 4 =	10 X 4 =
7 X 5 =	8 X 5 =	9 X 5 =	10 X 5 =
7 X 6 =	8 X 6 =	9 X 6 =	10 X 6 =
7 X 7 =	8 X 7 =	9 X 7 =	10 X 7 =
7 X 8 =	8 X 8 =	9 X 8 =	10 X 8 =
7 X 9 =	8 X 9 =	9 X 9 =	10 X 9 =
7 X 10 =	8 X 10 =	9 X 10 =	10 X 10 =

Day 47: Tables of 2 to 10 - Practice

Date: _____

Let us practice Tables of 2 to 9

2 X 1 =	3 X 1 =	4 X 1 =	5 X 1 =
2 X 2 =	3 X 2 =	4 X 2 =	5 X 2 =
2 X 3 =	3 X 3 =	4 X 3 =	5 X 3 =
2 X 4 =	3 X 4 =	4 X 4 =	5 X 4 =
2 X 5 =	3 X 5 =	4 X 5 =	5 X 5 =
2 X 6 =	3 X 6 =	4 X 6 =	5 X 6 =
2 X 7 =	3 X 7 =	4 X 7 =	5 X 7 =
2 X 8 =	3 X 8 =	4 X 8 =	5 X 8 =
2 X 9 =	3 X 9 =	4 X 9 =	5 X 9 =
2 X 10 =	3 X 10 =	4 X 10 =	5 X 10 =
6 X 1 =	7 X 1 =	8 X 1 =	9 X 1 =
6 X 2 =	7 X 2 =	8 X 2 =	9 X 2 =
6 X 3 =	7 X 3 =	8 X 3 =	9 X 3 =
6 X 4 =	7 X 4 =	8 X 4 =	9 X 4 =
6 X 5 =	7 X 5 =	8 X 5 =	9 X 5 =
6 X 6 =	7 X 6 =	8 X 6 =	9 X 6 =
6 X 7 =	7 X 7 =	8 X 7 =	9 X 7 =
6 X 8 =	7 X 8 =	8 X 8 =	9 X 8 =
6 X 9 =	7 X 9 =	8 X 9 =	9 X 9 =
6 X 10 =	7 X 10 =	8 X 10 =	9 X 10 =

Day 47: Tables of 2 to 10 - Practice

Date: _____

Let us practice Tables of 3 to 10

3 X 1 =	4 X 1 =	5 X 1 =	6 X 1 =
3 X 2 =	4 X 2 =	5 X 2 =	6 X 2 =
3 X 3 =	4 X 3 =	5 X 3 =	6 X 3 =
3 X 4 =	4 X 4 =	5 X 4 =	6 X 4 =
3 X 5 =	4 X 5 =	5 X 5 =	6 X 5 =
3 X 6 =	4 X 6 =	5 X 6 =	6 X 6 =
3 X 7 =	4 X 7 =	5 X 7 =	6 X 7 =
3 X 8 =	4 X 8 =	5 X 8 =	6 X 8 =
3 X 9 =	4 X 9 =	5 X 9 =	6 X 9 =
3 X 10 =	4 X 10 =	5 X 10 =	6 X 10 =
7 X 1 =	8 X 1 =	9 X 1 =	10 X 1 =
7 X 2 =	8 X 2 =	9 X 2 =	10 X 2 =
7 X 3 =	8 X 3 =	9 X 3 =	10 X 3 =
7 X 4 =	8 X 4 =	9 X 4 =	10 X 4 =
7 X 5 =	8 X 5 =	9 X 5 =	10 X 5 =
7 X 6 =	8 X 6 =	9 X 6 =	10 X 6 =
7 X 7 =	8 X 7 =	9 X 7 =	10 X 7 =
7 X 8 =	8 X 8 =	9 X 8 =	10 X 8 =
7 X 9 =	8 X 9 =	9 X 9 =	10 X 9 =
7 X 10 =	8 X 10 =	9 X 10 =	10 X 10 =

Day 48: Random Multiplication - Practice

Date: _____

1 X 2 =	2 X 1 =	1 X 3 =	3 X 1 =
1 X 4 =	2 X 2 =	4 X 1 =	1 X 5 =
5 X 1 =	1 X 6 =	2 X 3 =	3 X 2 =
6 X 1 =	1 X 7 =	7 X 1 =	1 X 8 =
2 X 4 =	4 X 2 =	8 X 1 =	1 X 9 =
3 X 3 =	9 X 1 =	1 X 10 =	10 X 1 =
2 X 6 =	3 X 4 =	4 X 3 =	6 X 2 =
2 X 7 =	7 X 2 =	3 X 5 =	5 X 3 =
2 X 8 =	4 X 4 =	8 X 2 =	2 X 9 =
3 X 6 =	6 X 3 =	9 X 2 =	2 X 10 =
4 X 5 =	5 X 4 =	10 X 2 =	3 X 7 =
7 X 3 =	3 X 8 =	4 X 6 =	6 X 4 =
8 X 3 =	5 X 5 =	3 X 9 =	9 X 3 =
4 X 7 =	7 X 4 =	3 X 10 =	5 X 6 =
6 X 5 =	10 X 3 =	4 X 8 =	8 X 4 =
5 X 7 =	7 X 5 =	4 X 9 =	6 X 6 =
9 X 4 =	4 X 10 =	5 X 8 =	8 X 5 =
10 X 4 =	6 X 7 =	7 X 6 =	5 X 9 =
9 X 5 =	6 X 8 =	8 X 6 =	7 X 7 =
5 X 10 =	10 X 5 =	6 X 9 =	9 X 6 =
7 X 8 =	8 X 7 =	6 X 10 =	10 X 6 =
7 X 9 =	9 X 7 =	8 X 8 =	7 X 10 =

Day 48: Random Multiplication - Practice

Date: _____

10 X 7 =	8 X 9 =	9 X 8 =	8 X 10 =
10 X 8 =	9 X 9 =	9 X 10 =	10 X 9 =
10 X 10 =	6 X 8 =	2 X 3 =	4 X 6 =
7 X 10 =	9 X 10 =	4 X 9 =	7 X 1 =
6 X 6 =	5 X 1 =	6 X 10 =	5 X 3 =
9 X 2 =	8 X 3 =	7 X 9 =	2 X 4 =
5 X 7 =	3 X 2 =	4 X 5 =	6 X 10 =
2 X 2 =	7 X 2 =	2 X 5 =	9 X 9 =
6 X 2 =	4 X 1 =	3 X 7 =	3 X 10 =
8 X 4 =	2 X 8 =	2 X 7 =	8 X 8 =
6 X 9 =	8 X 7 =	4 X 3 =	2 X 8 =
2 X 6 =	9 X 5 =	7 X 4 =	9 X 10 =
3 X 4 =	2 X 9 =	2 X 7 =	8 X 1 =
8 X 2 =	4 X 8 =	3 X 3 =	5 X 4 =
4 X 2 =	10 X 5 =	10 X 7 =	7 X 6 =
2 X 7 =	7 X 3 =	5 X 5 =	3 X 9 =
5 X 2 =	9 X 9 =	6 X 1 =	9 X 1 =
10 X 7 =	3 X 8 =	7 X 5 =	5 X 6 =
9 X 8 =	6 X 4 =	6 X 7 =	6 X 10 =
5 X 9 =	10 X 3 =	8 X 10 =	5 X 8 =
9 X 4 =	9 X 7 =	8 X 5 =	6 X 5 =
8 X 6 =	4 X 10 =	7 X 7 =	4 X 7 =

Day 49: Random Multiplication - Practice

Date: _____

2 X 3 =	3 X 2 =	9 X 3 =	3 X 9 =
8 X 7 =	7 X 8 =	3 X 1 =	1 X 3 =
8 X 9 =	9 X 8 =	2 X 3 =	3 X 2 =
7 X 10 =	10 X 10 =	4 X 9 =	9 X 4 =
1 X 5 =	5 X 1 =	3 X 5 =	5 X 3 =
9 X 2 =	2 X 9 =	7 X 9 =	9 X 7 =
5 X 7 =	7 X 5 =	4 X 5 =	5 X 4 =
2 X 7 =	7 X 2 =	2 X 5 =	5 X 2 =
6 X 2 =	2 X 6 =	3 X 7 =	7 X 3 =
8 X 4 =	4 X 8 =	2 X 7 =	7 X 2 =
6 X 9 =	9 X 6 =	4 X 3 =	3 X 4 =
5 X 9 =	9 X 5 =	7 X 4 =	4 X 7 =
3 X 4 =	4 X 3 =	2 X 7 =	7 X 2 =
4 X 8 =	4 X 8 =	4 X 5 =	5 X 4 =
4 X 2 =	2 X 4 =	6 X 7 =	7 X 6 =
3 X 7 =	7 X 3 =	9 X 3 =	3 X 9 =
5 X 2 =	2 X 5 =	6 X 4 =	4 X 6 =
8 X 3 =	3 X 8 =	7 X 5 =	5 X 7 =
9 X 8 =	8 X 9 =	6 X 7 =	7 X 6 =
3 X 10 =	10 X 3 =	8 X 5 =	5 X 8 =
9 X 4 =	4 X 9 =	5 X 6 =	6 X 5 =
8 X 6 =	6 X 8 =	7 X 4 =	4 X 7 =

Day 49: Random Multiplication - Practice

Date: _____

1 X 1 =	2 X 2 =	3 X 3 =	4 X 4 =
5 X 5 =	6 X 6 =	7 X 7 =	8 X 8 =
9 X 9 =	10 X 10 =	3 X 4 =	5 X 7 =
8 X 10 =	10 X 10 =	5 X 9 =	8 X 2 =
7 X 6 =	6 X 2 =	6 X 9 =	6 X 4 =
9 X 8 =	8 X 3 =	7 X 9 =	3 X 4 =
5 X 7 =	6 X 7 =	4 X 5 =	6 X 10 =
2 X 8 =	7 X 3 =	2 X 5 =	9 X 9 =
6 X 4 =	4 X 6 =	3 X 7 =	3 X 9 =
8 X 4 =	2 X 8 =	2 X 7 =	8 X 9 =
6 X 9 =	8 X 7 =	4 X 3 =	7 X 8 =
2 X 6 =	9 X 5 =	7 X 4 =	9 X 9 =
3 X 4 =	2 X 9 =	2 X 7 =	8 X 1 =
8 X 2 =	4 X 8 =	3 X 3 =	5 X 4 =
4 X 2 =	10 X 5 =	9 X 7 =	7 X 6 =
2 X 7 =	7 X 3 =	5 X 5 =	3 X 9 =
5 X 2 =	9 X 9 =	6 X 1 =	9 X 1 =
9 X 7 =	3 X 8 =	7 X 5 =	5 X 6 =
9 X 8 =	6 X 4 =	6 X 7 =	6 X 9 =
5 X 9 =	9 X 3 =	8 X 9 =	5 X 8 =
9 X 4 =	9 X 7 =	8 X 5 =	6 X 5 =
8 X 6 =	4 X 9 =	7 X 7 =	4 X 7 =

Day 50: Random Multiplication - Practice

Date: _____

2 X 3 =	4 X 5 =	9 X 3 =	5 X 10 =
4 X 4 =	7 X 8 =	3 X 1 =	6 X 3 =
8 X 9 =	6 X 8 =	2 X 3 =	4 X 6 =
7 X 10 =	9 X 10 =	4 X 9 =	7 X 1 =
6 X 6 =	5 X 1 =	6 X 10 =	5 X 3 =
9 X 2 =	8 X 3 =	7 X 9 =	2 X 4 =
5 X 7 =	3 X 2 =	4 X 5 =	6 X 10 =
2 X 2 =	7 X 2 =	2 X 5 =	9 X 9 =
6 X 2 =	4 X 1 =	3 X 7 =	3 X 10 =
8 X 4 =	2 X 8 =	2 X 7 =	8 X 8 =
6 X 9 =	8 X 7 =	4 X 3 =	2 X 8 =
2 X 6 =	9 X 5 =	7 X 4 =	9 X 10 =
3 X 4 =	6 X 9 =	6 X 7 =	8 X 7 =
8 X 2 =	4 X 8 =	3 X 3 =	6 X 4 =
4 X 6 =	10 X 5 =	10 X 7 =	7 X 6 =
2 X 7 =	7 X 3 =	5 X 5 =	4 X 9 =
5 X 2 =	9 X 9 =	6 X 1 =	9 X 1 =
10 X 7 =	3 X 8 =	7 X 5 =	5 X 6 =
9 X 8 =	6 X 4 =	6 X 7 =	6 X 10 =
5 X 9 =	9 X 3 =	8 X 9 =	5 X 8 =
9 X 4 =	9 X 7 =	8 X 5 =	7 X 5 =
8 X 6 =	4 X 10 =	7 X 7 =	5 X 7 =

Day 50: Random Multiplication - Practice

Date: _____

2 X 3 =	4 X 5 =	9 X 3 =	5 X 10 =
4 X 4 =	7 X 8 =	3 X 1 =	6 X 3 =
8 X 9 =	6 X 8 =	2 X 3 =	4 X 6 =
7 X 10 =	9 X 10 =	4 X 9 =	7 X 1 =
6 X 6 =	5 X 1 =	6 X 10 =	5 X 3 =
9 X 2 =	8 X 8 =	7 X 9 =	2 X 4 =
5 X 7 =	3 X 9 =	4 X 5 =	6 X 10 =
2 X 2 =	7 X 2 =	5 X 5 =	9 X 9 =
6 X 2 =	4 X 1 =	3 X 7 =	3 X 10 =
8 X 4 =	2 X 8 =	2 X 7 =	8 X 8 =
6 X 9 =	8 X 7 =	4 X 3 =	2 X 8 =
2 X 6 =	9 X 5 =	7 X 4 =	9 X 10 =
3 X 4 =	2 X 9 =	5 X 7 =	8 X 1 =
8 X 2 =	4 X 8 =	3 X 3 =	5 X 4 =
4 X 7 =	10 X 5 =	10 X 7 =	7 X 6 =
2 X 7 =	7 X 3 =	5 X 5 =	3 X 9 =
5 X 9 =	9 X 9 =	6 X 1 =	9 X 1 =
10 X 7 =	3 X 8 =	7 X 5 =	5 X 6 =
9 X 8 =	6 X 4 =	6 X 7 =	6 X 10 =
5 X 9 =	10 X 3 =	8 X 10 =	5 X 8 =
9 X 4 =	9 X 7 =	8 X 5 =	6 X 5 =
8 X 6 =	4 X 10 =	7 X 7 =	4 X 7 =

FUN WITH NUMBERS
TIMES TABLE
CERTIFICATE
OF COMPLETION

Proudly Presented To:

_____

Thinkpro Kids

Engaging, Imagining, Achieving

www.thinkprokids.com
A Thinkpro Learning Initiative

Keeping the Game Alive

Now that you have mastered Times Table with

"FUN WITH NUMBERS: MASTERING TIMES TABLE"

it's time to pay it forward and share your newfound knowledge with others.

By leaving your honest opinion of this book on Amazon, you'll not only guide other aspiring learners to the resources they need, but you'll also ignite their passion for numbers and learning.

Thank you for your invaluable contribution. Together, we can keep the spirit of mathematical discovery alive and inspire others to embark on their own journey of numerical exploration.

Warm regards,

Thinkpro Kids and Thinkpro Learning Team

www.ingramcontent.com/pod-product-compliance
Lightning Source LLC
Chambersburg PA
CBHW081836170426
43199CB00017B/2742